全国机械职业教育教学指导委员会"十三五"工业机器人技术专业推荐教材

李培根　宋天虎　丁汉　陈晓明／顾问

工业机器人基础

（第二版）

主　编　张光耀　王保军

副主编　周　理　阎辰皓　范琼英
　　　　陈　敏　李雨松

编　委　黄智科　胡方坤　冯贵新
　　　　李雪芹　贾　玮　刘　翀

主　审　熊清平　杨海滨

华中科技大学出版社
中国·武汉

内 容 简 介

本书主要内容包括工业机器人概述、工业机器人的机械结构、工业机器人的传感技术、工业机器人的控制系统与驱动系统、工业机器人的手动操作、HSR-JR612机器人指令基础六部分，书中以华数工业机器人为例，系统地讲述了工业机器人各大组成部分及其应用。

为了方便教学，本书配有内容丰富的多媒体课件和教学视频，扫描书中二维码，即可学习相关内容。

本书通俗易懂，实用性强，可作为职业院校机电、自动化、机械制造专业的教材，也可作为工业机器人培训教材。

图书在版编目(CIP)数据

工业机器人基础/张光耀，王保军主编. —2版. —武汉：华中科技大学出版社，2019.8(2024.8重印)
全国机械职业教育教学指导委员会"十三五"工业机器人技术专业推荐教材
ISBN 978-7-5680-5363-1

Ⅰ.①工…　Ⅱ.①张…　②王…　Ⅲ.①工业机器人-职业教育-教材　Ⅳ.①TP242.2

中国版本图书馆 CIP 数据核字(2019)第 156542 号

工业机器人基础(第二版)　　　　　　　　　　　　　张光耀　　王保军　主编
Gongye Jiqiren Jichu

策划编辑：俞道凯
责任编辑：吴　晗
封面设计：周　强
责任监印：周治超
出版发行：华中科技大学出版社(中国·武汉)　　　电话：(027)81321913
　　　　　武汉市东湖新技术开发区华工科技园　　　邮编：430223
录　　排：武汉三月禾文化传播有限公司
印　　刷：武汉市籍缘印刷厂
开　　本：787mm×1092mm　1/16
印　　张：11.5
字　　数：291 千字
版　　次：2024 年 8 月第 2 版第 7 次印刷
定　　价：35.80 元

指导委员会

（排名不分先后）

主 任 单 位	全国机械职业教育教学指导委员会	
副主任单位	武汉华中数控股份有限公司	重庆华数机器人有限公司
	佛山华数机器人有限公司	深圳华数机器人有限公司
	武汉高德信息产业有限公司	华中科技大学
	武汉软件工程职业学院	包头职业技术学院
	鄂尔多斯职业学院	重庆市工业技师学院
	重庆市机械高级技工学校	辽宁建筑职业学院
	长春市机械工业学校	内蒙古机电职业技术学院
	华中科技大学出版社	电子工业出版社
秘书长单位	武汉高德信息产业有限公司	
成 员 单 位	重庆华数机器人有限公司	佛山华数机器人有限公司
	深圳华数机器人有限公司	包头职业技术学院
	武汉软件工程职业学院	重庆市工业技师学院
	东莞理工学院	武汉第二轻工业学校
	鄂尔多斯职业学院	重庆工贸职业技术学院
	重庆市机械高级技工学校	河南森茂机械有限公司
	四川仪表工业学校	长春市机械工业学校
	长春职业技术学院	赤峰工业职业技术学院
	武汉华大新型电机科技股份有限公司	石家庄市职业技术教育中心
	内蒙古机电职业技术学院	成都工业职业技术学院
	辽宁建筑职业学院	佛山市华材职业技术学校
	广东轻工职业技术学院	佛山市南海区盐步职业技术学校
	武汉高德信息产业有限公司	许昌技术经济学校
	机械工业出版社	华中科技大学出版社
	武汉华中数控股份有限公司	华中科技大学

序

当前,以机器人为代表的智能制造,正逐渐成为全球新一轮技术革命浪潮中最澎湃的浪花,推动着各国经济发展的进程。随着工业互联网云计算、大数据、物联网等新一代信息技术的快速发展,社会智能化的发展趋势日益显现,机器人的服务也从工业制造领域,逐渐拓展到教育娱乐、医疗康复、安防救灾等诸多领域。机器人已成为智能社会不可或缺的人类助手。就国际形势来看,美国"再工业化"战略、德国"工业4.0"战略、欧洲"火花计划"、日本"机器人新战略"等,均将机器人产业作为发展重点,试图通过数字化、网络化、智能化夺回制造业优势。就国内发展而言,经济下行压力增大、环境约束日益趋紧、人口红利逐渐摊薄,产业迫切需要转型升级,形成增长新引擎,适应经济新常态。目前,中国政府提出"中国制造2025"战略规划,其中以机器人为代表的智能制造是难点也是挑战,是思路更是出路。

近年来,随着劳动力成本的上升和工厂自动化程度的提高,中国工业机器人市场正步入快速发展阶段。据统计,2015年上半年我国机器人销量达到5.6万台,增幅超过了50%,中国已经成为全球最大的工业机器人市场。据国际机器人联合会的统计显示,2014年在全球工业机器人大军中,中国企业的机器人使用数量约占四分之一。而预计到2017年,我国工业机器人数量将居全球之首。然而,机器人技术人才急缺,"数十万年薪难聘机器人技术人才"已经成为社会热点问题。因此,机器人产业发展,人才培养必须先行。

目前,我国职业院校较少开设机器人相关专业,缺乏相应的师资和配套的教材,也缺少工业机器人实训设施。这样的条件,很难培养出合格的机器人技术人才,也将严重制约机器人产业的发展。

综上所述,要实现我国机器人产业发展目标,在职业院校进行工业机器人技术人才及骨干师资培养示范院校建设,为机器人产业的发展提供人才资源支撑,就显得非常必要和紧迫。面对机器人产业强劲的发展势头,不论是从事工业机器人系统的操作、编程、运行与管理等工作的高技能应用型人才,还是从事一线教学的广大教育工作者都迫切需要实用性强、通俗易懂的机器人专业教材。编写和出版职业院校的机器人专业教材迫在眉睫,意义重大。

在这样的背景下,武汉华中数控股份有限公司与华中科技大学国家数控系统工程技术研究中心、武汉高德信息产业有限公司、华中科技大学出版社、电子工业出版社、武汉软件工程职业学院、包头职业技术学院、鄂尔多斯职业学院等单位,产、学、研、用相结合,组建"工业机器人产教联盟",组织企业调研,并开展研讨会,编写了系列教材。

本系列教材具有以下鲜明的特点。

前瞻性强。作为一个服务于经济社会发展的新专业,本套教材含有工业机器人高职人才培养方案、高职工业机器人专业建设标准、课程建设标准、工业机器人拆装与调试等内容,覆盖面广,前瞻性强,是针对机器人专业职业教学的一次有效、有益的大胆尝试。

系统性强。本系列教材基于自动化、机电一体化等专业开设的工业机器人相关课程需要编写;针对数控实习进行改革创新,引入工业机器人实训项目;根据企业应用需求,编写相关教材,组织师资培训,构建工业机器人教学信息化平台等;为课程体系建设提供了必要的系统性支撑。

实用性强。依托本系列教材,可以开设如下课程:机器人操作、机器人编程、机器人维护维修、机器人离线编程系统、机器人应用等。本系列教材凸显理论与实践一体化的教学理念,把导、学、教、做、评等环节有机地结合在一起,以"弱化理论、强化实操,实用、够用"为目的,加强对学生实操能力的培养,让学生在"做中学,学中做",贴合当前职业教育改革与发展的精神和要求。

参与本系列教材建设的包括行业企业带头人和一线教学、科研人员,他们有着丰富的机器人教学和实践经验。经过反复研讨、修订和论证,完成了编写工作。在这里也希望同行专家和读者对本系列教材不吝赐教,给予批评指正。我坚信,在众多有识之士的努力下,本系列教材的功效一定会得以彰显,前人对机器人的探索精神,将在新的时代得到传承和发扬。

"长江学者奖励计划"特聘教授
华中科技大学教授、博导

2015 年 7 月

前　言

　　工业机器人是面向工业领域的多关节机械手或多自由度的机器装置,它能自动执行工作,是靠自身动力和控制能力来实现各种功能的一种机器。它可以接受人类指挥,也可以按照预先编排的程序运行,现代的工业机器人还可以根据人工智能技术制定的原则纲领行动。

　　经过多年的发展,工业机器人已在越来越多的领域得到广泛的应用。在制造业中,尤其是在汽车产业中,工业机器人得到了广泛的应用。如汽车生产线冲压、点焊、弧焊、搬运、涂装、涂胶、螺柱焊、激光焊等作业中,机器人已经取代了人工作业。随着机器人向更深更广方向发展以及机器人智能化水平不断提高,机器人应用范围还在不断扩大,已从汽车制造推广到其他制造业,进而推广到诸如采矿机器人、建筑机器人以及水电维修机器人等各种非制造业。此外,在国防军事、医疗卫生、家政服务方面,机器人均有应用实例。机器人正在为提高人类的生活质量发挥着重要作用。

　　本书以华数工业机器人 HSR-JR612 为依托,按照项目式理实一体教学模式进行编排,总共分为六大项目。每个项目对应相关实训操作,其中项目一介绍了机器人的产生、分类、发展情况,对工业机器人基本组成和技术参数进行了详细讲解。项目二详细介绍了工业机器人的机械结构,包括手部、腕部、手臂、机身等结构。项目三对工业机器人外部传感器进行了阐述,其中包括视觉传感器、触觉传感器等。项目四主要对工业机器人控制系统和驱动系统进行了重点讲解。项目五对手动操作工业机器人相关坐标系、姿态、坐标系测量进行了详细说明。项目六主要对华数机器人Ⅱ型系统与程序运行控制相关的程序控制指令、程序结构、变量、运动指令、IO 指令等进行了详尽说明。

　　课时安排如下。

项目编号	学习项目名称	学习型工作任务	学时	项目学时
项目一	工业机器人概述	1.初识机器人	1	8
		2.工业机器人的概念、分类及发展	1	
		3.工业机器人的基本组成及技术参数	2	
		实训项目	4	
项目二	工业机器人的机械结构	1.工业机器人的手部结构	1	12
		2.工业机器人的手腕结构	1	
		3.工业机器人的手臂结构	1	
		4.工业机器人的机身结构	1	
		实训项目	8	
项目三	工业机器人的传感技术	1.工业机器人传感器的分类及要求	2	12
		2.工业机器人的视觉	1	
		3.工业机器人的触觉	1	
		实训项目	8	

项目编号	学习项目名称	学习型工作任务	学时	项目学时
项目四	工业机器人的控制系统 与驱动系统	1. 工业机器人的控制系统	2	8
		2. 工业机器人的驱动系统	2	
		实训项目	4	
项目五	工业机器人的手动操作	1. 工业机器人的手动操作	2	14
		2. 认识机器人坐标系	2	
		实训项目	10	
项目六	HSR-JR612 机器人指令基础	1. 程序示教与调试	2	26
		2. 程序结构与变量	2	
		3. 运动指令	2	
		4. 条件指令	2	
		5. 流程指令	2	
		6. 延时指令	2	
		7. IO 指令	2	
		8. 其他指令	2	
		实训项目	10	
合计				80 学时

　　本书主编为张光耀、王保军,项目一由黄智科、贾玮编写,项目二、项目三由胡方坤、李雪芹、范琼英编写,项目四由冯贵新、刘翀、陈敏编写,项目五、项目六由张光耀、阎辰皓、李雨松编写。最后由张光耀、王保军、周理统稿。本书配套有武汉高德信息产业有限公司提供的二维码微课,支持移动扫码学习,同时登录智能制造立方学院(http://www.accim.com.cn),可以学习配套网络课程。

　　本书编写过程中,参阅了华数机器人有限公司的技术资料,并得到了武汉华中数控股份有限公司与武汉高德信息产业有限公司技术人员的大力支持与帮助,在此表示衷心的感谢!由于作者水平有限,书中难免存在疏漏和错误,期望广大读者批评、指正,以便进一步提高本书质量。

编　者

2019 年 4 月

目　　录

项目一　工业机器人概述

随着电子技术、计算机技术的飞速发展,机器人的应用已经广泛渗透到社会的各个领域。当前,世界各国都在积极发展新科技生产力,在未来 10 年,全球工业机器人行业将进入一个前所未有的高速发展期。曾有专家预言:研究和开发新一代机器人将成为今后科技发展的新重点,而且机器人产业不论在规模上还是资本上都将大大超过今天的计算机产业。因此,全面了解机器人知识,具备娴熟的机器人操作技能,也成为衡量 21 世纪高素质人才的基本要素之一。

项目目标要求

知识目标
● 了解机器人的概念及发展历程。
● 掌握机器人的分类依据。
● 重点记住工业机器人的定义及工业机器人的应用与发展。
● 掌握工业机器人的基本组成及技术参数。

能力目标
● 能够识别工业机器人的各个组成部分,能够说出工业机器人各个组成部分所起的作用。

情感目标
● 增长见识、激发兴趣。
● 关注我国工业机器人行业,培养小组合作精神,具有为我国工业机器人的发展做贡献的意识。

任务一　初识机器人

机器人的问世不仅改变了人们的生活、工作方式,也加快了社会发展的进程。机器人应用的全面普及,使人类社会迈进了智能化控制时代。

任务说明

机器人的发展经历了怎样的曲折? 机器人在哪些领域影响着人类的生活? 未来的机器人又会给人类带来哪些惊奇的事情? 这类问题容易引起人们的好奇,而找到这类问题的答案更能激起学习机器人技术的热情。只有了解了机器人与人类社会密不可分的关系,才能更加明白学习机器人技术的重要性。只有深入了解机器人的作用和发展趋势,才能更好地理解机器人在人类社会中的作用,有效地利用电子技术、计算机技术造福人类社会。因此,完成学习任务涉及以下内容。

（1）教师引导学生融入学习场景、讲解机器人发展中的趣事、有效地掌控学生的学习活动。

（2）学生查阅、研读有关机器人的学习资料。

（3）师生讨论资料研读中遇到的问题、交流对机器人发展的认识。

活动步骤

（1）教师讲解机器人发展与应用过程中发生的有关事件。

（2）学生查阅与机器人应用、发展有关的资料。

（3）分组讨论并思考以下问题：

① 机器人能否代替人做所有的事情？究竟什么是机器人？

② 机器人对人类的影响主要表现在哪些方面？

③ 未来的机器人可能发生哪些变化？

任务知识

一、机器人的起源及发展

1.机器人的起源

机器人"robot"一词源自捷克语"robota"，意思是"强迫劳动"。机器人是自动执行工作的机器装置，它既可以受人类指挥，又可以运行预先编排的程序，还可以根据以人工智能技术制定的原则纲领行动。它的任务是协助或取代人类的工作。

2.机器人的发展

机器人的发展大致经历了三个阶段。

第一代机器人为简单个体机器人，属于示教再现机器人。示教再现机器人是一种可重复再现通过示教编程存储起来的作业程序的机器人。示教编程是指由人工引导机器人末端执行器（装于机器人关节结构末端的夹持器、工具、焊枪、喷枪等），或由人工操作导引机械模拟装置，或用示教盒来使机器人完成预期动作的程序。

自20世纪50年代末至90年代，世界上应用的工业机器人绝大多数为示教再现机器人。世界上第一代工业实用机器人"尤尼梅特"如图1-1所示。

图 1-1　第一代工业机器人"尤尼梅特"

第二代机器人为低级智能机器人，或称感觉机器人。和第一代机器人相比，低级智能机器人具有一定的感觉系统，能获取外界环境和操作对象的简单信息，可对外界环境的变化做出简单的判断并相应调整自己的动作，以减少工作出错。因此这类机器人又称为自适应机器人。20世纪90年代以来,这类机器人在生产企业中的使用逐年增加。

2007年9月28日,在西班牙的巴塞罗那,第二代"阿西莫"双脚步行机器人亮相。图1-2(a)所示的是"阿西莫"踢足球表演的情形,图1-2(b)所示的是"阿西莫"上楼梯表演的情形。

 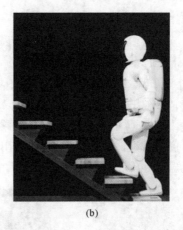

(a)   (b)

图1-2 第二代双脚机器人"阿西莫"

(a)踢足球 (b)上楼梯

第三代机器人是智能机器人,它不仅具备了感觉能力,而且还具有独立判断和行动的能力,并具有记忆、推理和决策的能力,因而能够完成更加复杂的动作。智能机器人在发生故障时,其自我诊断装置能自我诊断出发生故障的部位,并能自我修复。它是利用各种传感器、测量器等来获取环境信息,然后利用智能技术进行识别、理解、推理,最后做出规划决策,能自主行动实现预定目标的高级机器人。图1-3所示的是推着购物车到超市购物的第三代智能机器人。

图1-3 第三代智能机器人推车购物

计算机技术和人工智能技术的飞速发展,使机器人在功能和技术层次上有了很大的提高,移动机器人和机器人的视觉和触觉等技术就是其新技术典型的代表。

由于这些技术的发展,推动了机器人概念的延伸。在研究和开发在不确定环境下作业机器人的过程中,人们逐步认识到机器人技术的本质是感知、决策、行动和交互技术的结合。人们将具有感觉、思考、决策和动作能力的系统称为智能机器人。

二、机器人的定义

机器人是机构学、控制论、电子技术及计算机等现代科学综合应用的产物,目前尚处于发展阶段,关于机器人的一些概念、定义,仍处于不断充实、演变之中。

国际标准化组织(ISO)为机器人下的定义是:机器人是一种自动的、位置可控的、具有编程能力的多功能操作机。这种操作机具有多个轴,能够借助可编程操作来处理各种材料、零部件、工具和专用装置,以执行各种任务。

概括起来可以认为,机器人是具有以下特点的机电一体化自动装置。

(1)具有高度灵活性的多功能机电装置,可通过改编程序获得灵活性。简单地更换端部工具实现多种功能。

（2）具有移动自身、操作对象的机构，能实现人手或脚的某些基本功能。

（3）具有某些类似于人的智能。有一定的感知能力，能识别环境及操作对象。具有理解指令、适应环境，规划作业操作过程的能力。

三、机器人技术在现实生活中的应用

机器人的应用领域比较广泛，从目前机器人的技术来看，它主要应用于军事、航天科技、娱乐、家庭服务、教育、医疗卫生、农业生产、水下作业、抢险救灾及工业生产等领域。

生活中的机器人

图 1-4 所示为军用机器人在战场上的应用，图 1-5 所示为军用太空机器人，图 1-6 所示为娱乐机器人在弹琴，图 1-7 所示为机器人在拖地，图 1-8 所示为机器人在大学校园里讲课，图 1-9 所示为医用机器人，图 1-10 为农业机器人在田间工作，图 1-11 所示为机器人在水下作业，图 1-12 所示为机器人在救灾。

图 1-4 机器人在战场上

图 1-5 机器人在太空

图 1-6 机器人在弹琴

图 1-7 机器人在拖地

图 1-8 机器人在讲课

图 1-9 机器人在救护

图 1-10 农业机器人在田间

图 1-11 机器人在水下

图 1-12 机器人在救灾

任务二 工业机器人的概念、分类及发展

工业机器人是机器人的一种，工业机器人是由计算机、控制技术、机构学、信息及传感技

术、人工智能等多学科交叉领域形成的具有高新技术的机器人。

任务说明

了解工业机器人的概念、工业机器人对人类社会的影响,进一步理解工业机器人的发展过程。掌握工业机器人的分类依据,理解在各种分类依据下机器人的名称及作用,能够根据机器人的名称说出是按什么依据进行分类的。

活动步骤

(1) 教师讲解有代表性的机器人的分类依据。

(2) 学生查阅资料,了解更多的机器人分类方法并获得相应成果。

(3) 分组讨论,思考以下问题。

① 世界上对机器人的分类有没有绝对统一的标准?

② 根据自己查出的对机器人的分类依据,谈谈自己对这些分类依据的看法。

③ 工业机器人对人类生活有哪些影响?

④ 工业机器人的发展前景如何?

⑤ 世界工业机器人进行了哪些更新换代?

⑥ 我国工业机器人的发展及应用领域。

任务知识

一、工业机器人的概念

工业机器人是机器人的一种,是面向工业领域的多关节机械手或多自由度的机器装置,它能自动执行工作,是靠自身动力和控制能力来实现各种功能的一种机器。1986年我国对工业机器人定义为:工业机器人是一种能自动定位,可重复编程的多功能、多自由度的操作机;它可以搬运材料、零件或夹持工具,用以完成各种作业;它可以受人类指挥,也可以按照预先编排的程序运行,现代的工业机器人还可以根据人工智能技术制定的原则纲领行动。它由操作机(机械本体)、控制器、伺服驱动系统和检测传感装置构成,是一种仿人操作、自动控制、可重复编程、能在三维空间完成各种作业的机电一体化的自动化生产设备,特别适合于多品种、变批量的柔性生产;它对稳定和提高产品质量,提高生产效率,改善劳动条件和产品的快速更新换代起着十分重要的作用。如图 1-13 所示是武汉华中数控股份有限公司(以下简称为华中数控)最新研发的工业机器人。

图 1-13　工业机器人

二、工业机器人的分类

关于工业机器人如何分类,国际上没有制定统一的标准,有的按负载重量分,有的按控制方式分,有的按自由度分,有的按结构分,有的按应用领域分。下面依据几个有代表性的分类方法列举机器人的分类。

1. 按工业机器人结构坐标系统特点方式分类

按机器人结构坐标系统特点方式分类,机器人可分为直角坐标型机器人、圆柱坐标型机器人、极坐标型(球面坐标型)机器人、多关节坐标型机器人等四类。

1) 直角坐标型机器人(3P)

具有三个互相垂直的移动轴线,通过手臂的上下、左右移动和前后伸缩构成一个直角坐标系,运动是独立的(有 3 个独立自由度),其动作空间为一长方体。如图 1-14 所示为华中数控最新研制的直角坐标型机器人(又称桁架机器人)。其特点是控制简单,运动直观性强,操作精度高,但操作灵活性差,运动的速度较低,操作范围较小而占据的空间相对较大。

2) 圆柱坐标型机器人(R3P)

机座上具有一个水平转台,在转台上装有立柱和水平臂,水平臂能上下移动和前后伸缩,并能绕立柱旋转,在空间构成部分圆柱面,具有一个回转和两个平移自由度。如图 1-15 所示为华数 HC410 机器人,其特点是工作范围较大,运动速度较高,但随着水平臂沿水平方向伸长,其线位移分辨精度越来越低。

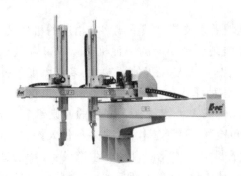

图 1-14 直角坐标型机器人

图 1-15 圆柱坐标型机器人

3) 极坐标型机器人(球面坐标型 2RP)

极坐标型机器人工作臂不仅可绕垂直轴旋转,还可绕水平轴做俯仰运动,且能沿手臂轴线做伸缩运动(其空间位置分别有旋转、摆动和平移 3 个自由度),并能绕立柱回转,在空间构成部分球面,如图 1-16 所示。其特点是结构紧凑,所占空间小于直角坐标型机器人和圆柱坐标型机器人,但仍大于关节坐标型机器人,操作比圆柱坐标型机器人更为灵活。

4) 多关节坐标型机器人

多关节坐标型机器人由多个旋转和摆动机构组合而成。其特点是操作灵活性好,运动速度较高,操作范围大,但受手臂位姿的影响,实现高精度运动较困难。对喷涂、装配、焊接等多种作业都有良好的适应性,应用范围越来越广。不少著名的机器人都采用了这种形式,其摆动方向主要有铅垂方向和水平方向两种,因此这类机器人又可分为垂直多关节坐标机器人和水平多关节坐标机器人。目前装机最多的多关节机器人是串联关节型垂直六轴机器人和 SCARA 型四轴机器人。

(1) 垂直多关节坐标机器人 如图 1-17 所示,其操作机构由多个关节连接的机座、大臂、小臂和手腕等构成,大、小臂既可在垂直于机座的平面内运动,也可实现绕垂直轴转动。模拟了人类的手臂功能,手腕通常由 2～3 个自由度构成。其动作空间近似一个球体,所以也称为多关节球面机器人。其优点是可以自由地实现三维空间的各种姿势,可以生成各种复杂形状的轨迹。相对机器人的安装面积,其动作范围很宽。缺点是结构刚度较低,动作的绝对位置精度较低。

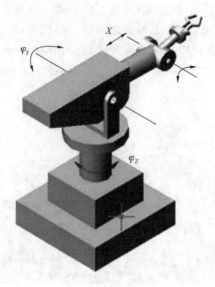

图 1-16 极坐标型机器人

图 1-17 垂直多关节坐标机器人

1—肩关节;2—肘关节;3—小臂;4—手部;5—手腕;
6—大臂;7—腰关节;8—机座

(2)水平多关节坐标机器人 如图 1-18 所示为华中数控研制的 SCARA 型水平多关节坐标机器人。水平多关节坐标机器人在结构上具有串联配置的两个能够在水平面内旋转的手臂,自由度可以根据用途选择 2～4 个,动作空间为一圆柱体。其优点是在垂直方向上的刚度高,能方便地实现二维平面上的动作,在装配作业中得到普遍应用。

图 1-18 SCARA 型水平多关节坐标机器人

2.按机器人的用途分类

工业机器人按用途可分为装配机器人、焊接机器人、搬运机器人、喷涂机器人等多种。

1）装配机器人

在电子产品装配中,由于电子元件多,体积小,结构复杂,人工装配生产率低,质量不易保证,而装配机器人可以极大地改变这种状况。如图 1-19 所示为发动机装配工作站的机器人。

2）焊接机器人

焊接是制造业中一项繁重的、对工人健康影响较大的作业之一,是工业机器人应用最多的行业。焊接机器人可以有效提高产品质量,降低能耗,改善工人劳动条件。焊接机器人有点焊机器人和弧焊机器人两种,可以单机焊接,也可构成焊接机器人生产线。利用焊接机器人生产线对汽车驾驶室的自动焊接已在世界多家汽车制造厂得到应用,并已取得显著效益。如图 1-20 所示为焊接机器人。

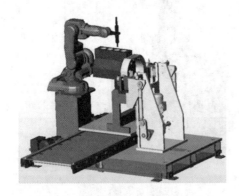

图 1-19　发动机装配工作站的机器人

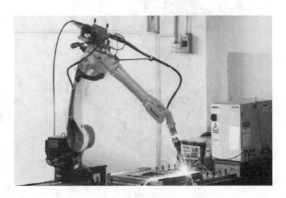

图 1-20　焊接机器人

3）搬运机器人

工厂里许多材料、工件的搬运和存放工作,往往要耗费大量的人力,特别是笨重、高温物件,对作业工人来说还具有很大的危险性。如果由机器人去承担,就变得很容易。如机床用上、下料机器人,铸造和锻造用的高温装卸机器人,取卸冲压机上塑料电视机壳的机器人,用于堆料、码垛的机器人等。利用机器人进行搬运和存放工作,可有效减轻工人劳动强度,保障生产安全,降低劳动成本,提高生产率。如图 1-21 所示为搬运机器人。

图 1-21　搬运机器人

4）喷涂机器人

机器人喷涂作业在汽车、家用电器和仪表壳体制造中已发挥了重要作用，而且有向其他行业扩展的趋势，如陶瓷制品、建筑工业、船舶保护等。机器人作业既可单机喷涂，也可多机喷涂，还可组成生产线自动喷涂，自动化程度越来越高。如图1-22所示为喷涂机器人。

图1-22　喷涂机器人

3.按工业机器人的控制方式分类

工业机器人的控制方式主要有四种：点位控制方式、连续轨迹控制方式、力矩控制方式和智能控制方式。

1）点位控制方式（PTP）

这种控制方式的特点是只控制工业机器人末端执行器在作业空间中某些规定的离散点上的位姿。控制时只要求工业机器人快速、准确地实现相邻各点之间的运动，而对达到目标点的运动轨迹则不做任何规定。这种控制方式的主要技术指标是定位精度和运动所需的时间。由于其具有控制方式易于实现、定位精度要求不高的特点，因而常被应用在上下料、搬运、点焊和在电路板上安插元件等只要求目标点处保持末端执行器位姿准确的作业中。一般来说，这种方式比较简单，但是，要达到$2\sim3~\mu m$的定位精度是相当困难的。

2）连续轨迹控制方式（CP）

有些场合需连续地控制工业机器人末端执行器在作业空间中的位姿，要求其严格按照预定的轨迹和速度在一定的精度范围内运动，而且速度可控，轨迹光滑，运动平稳，以完成作业任务。这种工业机器人具有各关节连续、同步地进行相应的运动功能，其末端执行器可形成连续的轨迹。这种控制方式的主要技术指标是，工业机器人末端执行器位姿的轨迹跟踪精度及平稳性，要求机器人末端执行器按照预定的轨迹和速度运动，如果偏离预定的轨迹和速度，就会使产品报废，其控制方式类似于控制原理中的跟踪系统。如弧焊、喷漆、切割等。

3）力（力矩）控制方式

在完成装配、抓放物体等工作时，除要准确定位之外，还要求使用适度的力或力矩进行工作。该方式的控制原理与位置伺服控制原理基本相同，只不过输入量和反馈量不是位置信号，而是力（力矩）信号，因此系统中必须有力（力矩）传感器，有时也利用接近、滑动等传感器功能进行自适应式控制。

4）智能控制方式

机器人的智能控制是通过传感器获得周围环境的信息，并根据自身内部的知识库做出相应的决策的控制方式。智能控制技术使机器人具有了较强的环境适应性及自学习能力。智能控制技术的发展有赖于近年来人工神经网络、基因算法、遗传算法、专家系统等人工智能的迅速发展。

三、工业机器人的发展

1.全球机器人的发展状况

国外工业机器人的发展及现状

1954年，美国戴沃尔最早提出了工业机器人的概念，并申请了专利。该专利的要点是借助伺服技术控制机器人的关节，通过人手对机器人进行动作示教，机器人能实现动作的记录和再现。这就是所谓的示教再现机器人，现有的机器人差不多都采用这种控制方式。

1958年，被誉为"工业机器人之父"的F.Joseph创建了世界上第一家机器人公司——

Unimation(Universal Automation)公司,并参与设计了第一台 Unimate 机器人,这是一台用于压铸作业的五轴液压驱动机器人。与此同时,另一家美国公司——AMF 公司也开始研制工业机器人,即 Versatran(Versatile Transfer)机器人,它主要用于机器之间的物料运输,采用液压驱动。一般认为,Unimate 和 Versatran 是世界上最早的工业机器人。这两种工业机器人的控制方式与数控机床的大致相似,但外形特征迥异,主要由类似人的手和臂组成。

随着计算机技术和人工智能技术的飞速发展,机器人在功能和技术层次上有了很大的提高,移动机器人和机器人的视觉、触觉技术就是典型的代表。这些技术的发展,推动了机器人概念的延伸。20 世纪 80 年代,人们将具有感觉、思考、决策和动作能力的系统称为智能机器人。这是一个概括的、含义广泛的概念。这一概念不但指导了机器人技术的研究和应用,而且赋予了机器人技术向深广发展的巨大空间。美国的机器人技术一直处于世界领先水平。在 1967—1974 年的几年时间里,因为政府对机器人发展的重视程度不够,且机器人处于发展初期,价格昂贵,适用性不强,所以发展缓慢。此后,由于美国机器人协会、制造工程师协会积极地进行机器人技术推广工作,且美国为了高效生产,适应市场多变的需要,以机器人为核心的柔性自动化生产线恰好具有这些优点,所以机器人技术得以迅猛发展。美国现已成为世界上的机器人强国之一,虽然在机器人发展史上美国走过一条重视理论研究,忽视应用开发研究的曲折道路,但是美国的机器人技术在国际上仍一直处于领先地位,其技术全面、先进,适应性也很强。

日本机器人的发展经过了 20 世纪 60 年代的摇篮期,70 年代的实用化时期,以及 80 年代的普及、提高期 3 个基本阶段。在 1967 年,日本东京机械贸易公司首次从美国 AMF 公司引进 Versatran 机器人。1968 年,日本川崎重工公司与美国 Unimation 公司缔结国际技术合作协议,引进 Unimate 机器人。1970 年,日本机器人实现国产化。从此,日本进入了开发和应用机器人时期。几年后,美国反而要从日本进口机器人。1983 年,美国从日本进口的机器人占美国进口机器人总数的 78%。

日本政府和企业一直充分信任机器人,大胆使用机器人。在解决劳动力不足、提高生产率、改进产品质量和降低生产成本方面,机器人发挥着越来越显著的作用,成为日本保持经济增长速度和产品竞争能力的一支不可缺少的队伍。据统计,2007 年日本机器人的销售额为 5850 亿日元,其中出口额达到 3730 亿日元。日本推动机器人发展的主要原因是向海外发展的日本企业数量逐渐增加,同时海外的汽车制造商也开始积极地引进日本的机器人。现在,日本机器人主要用于汽车制造业和电子机械产业,而电子机械产业中的电子零部件封装、半导体封装、无尘室、组装等领域占了日本机器人销售额的一半。现在日本拥有机器人的总量为美国的 7 倍。

2.我国工业机器人的发展状况

我国工业机器人起步于 20 世纪 70 年代初期,经过 30 多年的发展,大致经历了 3 个阶段:70 年代的萌芽期,80 年代的开发期和 90 年代至今的实用化期。

国内工业机器人的发展及现状

20 世纪 70 年代世界上工业机器人应用掀起一个高潮,在这种背景下,我国于 1972 年开始研制自己的工业机器人。

进入 20 世纪 80 年代后,在高技术浪潮的冲击下,随着改革开放的不断深入,我国机器人技术的开发与研究得到了政府的重视与支持。"七五"期间,国家投入资金,对工业机器人及其零部件进行攻关,完成了示教再现式工业机器人成套技术的开发,研制出了喷涂、点焊、弧焊和搬运机器人。1986 年国家高技术研究发展计划("863"计划)开始实施,智能机器人技术跟踪世界机器人技术的前沿,经过几年的研究,取得了一大批科研成果,成功地研制出了一批特种机器人。

从 20 世纪 90 年代初期起,我国的国民经济进入实现两个根本转变时期,掀起了新一轮的经济体制改革和技术进步热潮,我国的工业机器人又在实践中迈进一大步,先后研制出了点焊、弧焊、装配、喷漆、切割、搬运、包装、码垛等各种用途的工业机器人,并实施了一批机器人应用工程,形成了一批机器人产业化基地,为我国机器人产业的腾飞奠定了基础。

随着人口红利的逐渐下降,企业用工成本不断上涨,工业机器人正逐步走进公众的视野。人口红利的持续消退,给机器人产业带来了重大的发展机遇;在国家政策支持下,工业机器人产业有望迎来爆发期。

3. 工业机器人的未来与展望

从近几年世界机器人推出的产品来看,工业机器人技术正在向智能化、模块化和系统化的方向发展,其发展趋势主要表现在:结构的模块化和可重构化,控制技术的开放化、计算机化和网络化,伺服驱动技术的数字化和分散化,多传感器融合技术的实用化,工作环境设计的优化和作业的柔性化,以及系统的网络化和智能化等方面。

工业机器人需求的行业分布

机器人是先进制造技术和自动化装备的典型代表,是人造机器的"终极"形式。它涉及机械、电子、自动控制、计算机、人工智能、传感器、通信与网络等多个学科和领域,是多种高新技术发展

国内工业机器人产业现状

成果的综合集成,因此它的发展与众多学科发展密切相关。当今工业机器人的发展趋势主要有以下几点。

(1)工业机器人性能不断提高(高速度、高精度、高可靠性、便于操作和维修),而单机价格不断下降。

(2)机械结构向模块化可重构化发展。例如,关节模块中的伺服电动机、减速机、检测系统三位一体化,将关节模块、连杆模块用重组方式构造机器人。

(3)工业机器人控制系统向基于计算机的开放型控制器方向发展,便于标准化,网络化;器件集成度提高,控制柜体积逐渐减小,采用模块化结构,大大提高了系统的可靠性、易操作性和可维修性。

(4)机器人中的传感器作用日益重要,除采用传统的位置、速度、加速度等传感器外,视觉、力觉、声觉、触觉等多传感器的融合技术在产品化系统中已有成熟应用。

(5)机器人化机械开始兴起。从 1994 年美国开发出"虚拟轴机床"以来,这种新型装置已成为国际研究的热点之一,纷纷探索开拓其实际应用的领域。

工业机器人的运用范围越来越广泛,即使在很多的传统工业领域中,人们也在努力使机器人代替人类工作,在食品工业中的情况也是如此。人们已经开发出的食品工业机器人有包装罐头机器人、自动午餐机器人和切割牛肉机器人等,机器人在食品加工领域应用如鱼得水。

在中国廉价劳动力优势逐渐消失的背景下,"机器换人"已是大势所趋。面对机器人产业诱人的大蛋糕,全国各地都行动起来了,机器人企业、机器人产业园如雨后春笋般出现,积极投身这场"掘金战"中。

国内在机器人产业化方面还存在诸多问题。面对将要到来的"机器人时代",我国已在加强顶层设计,组建国家级的机器人产业发展专家咨询委员会,完善标准体系建设,加大对机器人国产化的政策支持力度,支持国产工业机器人的应用和示范等。

任务三 工业机器人的基本组成及技术参数

任务说明

工业机器人能够完成多项复杂的工作,与它的各个组成部分是分不开的,而且工作的效率与它的每项技术参数都有很密切的联系,只有详细地了解工业机器人的构成及各个构成要件的作用,才能更好地理解工业机器人的工作原理。

活动步骤

(1)教师讲述工业机器人的基本组成及各组成部分的作用,工业机器人的技术参数及坐标系。

(2)学生查阅资料,深入了解与工业机器人工作原理和工作效率有关的参数。

(3)分组讨论并思考以下问题。

① 工业机器人的物理构件有哪些?

② 工业机器人能够完成一些复杂的工作,所依赖的软件系统有哪些?

③ 影响工业机器人工作效率的技术参数有哪些?

任务知识

一、工业机器人的基本组成

工业机器人由 3 大部分和 6 个子系统组成,如图 1-23 所示。3 大部分是机械部分、传感部分、控制部分。6 个子系统是驱动系统、机械结构系统、感受系统、机器人-环境交互系统、人机交互系统和控制系统。

工业机器人基本组成系统

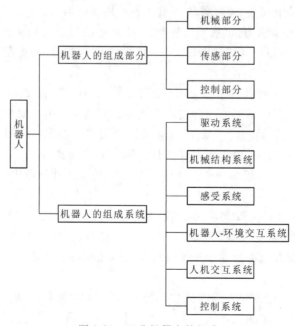

图 1-23 工业机器人的组成

工业机器人系统工作原理如图 1-24 所示。

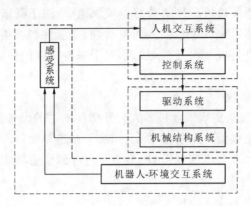

图 1-24　工业机器人系统工作原理

6 个子系统的作用如下。

1.驱动系统

要使机器人运行起来,需给各个关节安装传感装置和传动系统,这就是驱动系统。它的作用是提供机器人各部位、各关节动作的原动力。驱动系统传动部分可以是液压传动系统、电动传动系统、气动传动系统,或者把它们结合起来应用的综合系统;也可以是直接驱动或者是通过同步带、链条、轮系、谐波齿轮等机械传动机构进行间接驱动。

2.机械结构系统

工业机器人的机械结构主要由四大部分构成:机身、手臂、手腕和手部,如图 1-25 所示。每一大件都有若干自由度,构成一个多自由度的机械系统。若基座具备行走机构,则构成行走机器人;若基座不具备行走及腰转机构,则构成单机器人臂。手臂一般由上臂、下臂和手腕组成。末端操作器是直接装在手腕上的一个重要部件,它可以是二手指或多手指的手爪,也可以是喷漆枪、焊具等作业工具。

图 1-25　机械结构系统

1—基座;2—机身;3—大臂;4—小臂;5—手腕;6—手部

3. 感受系统

感受系统由内部传感器模块和外部传感器模块组成,用于获取内部和外部环境状态中有意义的信息。智能传感器提高了机器人的机动性、适应性和智能化的水准。人类的感受系统对感知外部世界信息是极其灵巧的,然而,对于一些特殊的信息,传感器比人类的感受系统更有效。

4. 机器人-环境交互系统

机器人-环境交互系统是实现工业机器人与外部环境中的设备相互联系和协调的系统。工业机器人与外部设备集成为一个功能单元,如加工制造单元、焊接单元、装配单元等。当然,也可以是多台机器人、多台机床或设备、多个零件存储装置等集成为一个能执行复杂任务的功能单元。

5. 人机交互系统

人机交互系统是使操作人员参与机器人控制并与机器人进行联系的装置,例如,计算机的标准终端、指令控制台、信息显示板、危险信号报警器、示教盒等。该系统归纳起来分为两大部分:指令给定装置和信息显示装置。

6. 控制系统

控制系统的任务是根据机器人的作业指令程序以及从传感器反馈回来的信号支配的执行机构去完成规定的运动和功能。假如机器人不具备信息反馈特征,则为开环控制系统;机器人具备信息反馈特征,则为闭环控制系统。根据控制原理,控制系统可分为程序控制系统、适应性控制系统和人工智能控制系统等三类。根据控制运动的形式,控制系统可分为点位控制系统和轨迹控制系统等两类。

二、机器人的基本工作原理

机器人的基本工作原理是示教再现;示教也称导引,即由用户导引机器人,一步步按设定操作一遍,机器人在导引过程中自动记忆示教的每个动作的位置、姿态、运动参数/工艺参数,并自动生成一个连续执行全部操作的程序。完成示教后,只需给机器人一个启动命令,机器人将精确地按示教动作,一步步完成全部操作,如图1-26所示。

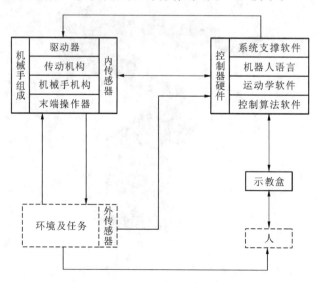

图 1-26 机器人工作原理

三、工业机器人的技术参数

工业机器人的技术参数有许多,但主要的技术参数有 7 个:自由度,工作空间,工作速度,工作载荷,控制方式,驱动方式,以及精度、重复精度和分辨率。

工业机器人结构分类

1.自由度

机器人的自由度(degree of freedom)是描述物体运动所需要的独立坐标数。机器人的自由度是表示机器人动作灵活的尺度,一般以轴的直线移动、摆动或旋转动作的数目来表示,手部的动作不包括在内。物体在三维空间有 6 个自由度,如图 1-27 所示。

1) 机器人的关节类型

在机器人机构中,两相邻的连杆之间有一个公共的轴线,两杆之间允许沿该轴线相对移动或绕该轴线相对转动,构成一个关节。机器人关节的种类决定了机器人的运动自由度,转动关节、移动关节、球面关节和虎克铰关节是机器人机构中经常使用的关节类型。

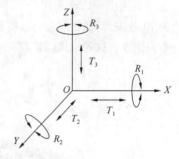

图 1-27 物体三维空间自由度

转动关节 通常用字母 R 表示,它允许两相邻连杆关节轴线做相对转动,转角为 θ,这种关节有 1 个自由度。如图 1-28(a)所示。

移动关节 通常用字母 P 表示,它允许两相邻连杆沿关节轴线做相对移动,移动距离为 d,这种关节有 1 个自由度。如图 1-28(b)所示。

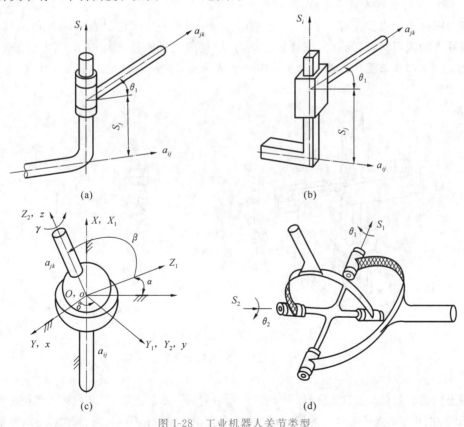

图 1-28 工业机器人关节类型

(a)转动关节 (b)移动关节 (c)球面关节 (d)虎克铰关节

球面关节　通常用字母 S 表示,允许两连杆之间有 3 个独立的相对转动,这种关节具有 3 个自由度。如图 1-28(c)所示。

虎克铰关节　通常用字母 T 表示,允许两个连杆之间有 2 个相对移动,这种关节有 2 个自由度。如图 1-28(d)所示。

2) 直角坐标机器人的自由度

直角坐标机器人有 3 个自由度,如图 1-29 所示。直角坐标机器人臂部的 3 个关节都是移动关节,各关节轴线相互垂直,使臂部可沿 X、Y、Z 3 个自由度方向移动,构成直角坐标机器人的 3 个自由度。这种形式的机器人主要特点是结构刚度大,关节运动相互独立,操作灵活性差。

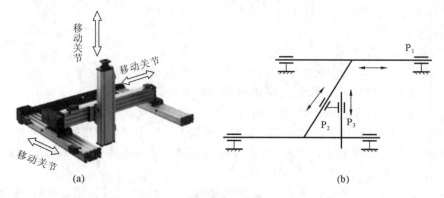

图 1-29　直角坐标机器人自由度

3) 圆柱坐标机器人的自由度

五轴圆柱坐标机器人有 5 个自由度,如图 1-30 所示。臂部可沿自身轴线伸缩移动、可绕机身垂直轴线回转,以及沿机身轴线上下移动,构成五轴圆柱坐标机器人的 3 个自由度;另外,臂部、腕部和末端执行器三者间采用 2 个转动关节连接,构成五轴圆柱坐标机器人的 2 个自由度。

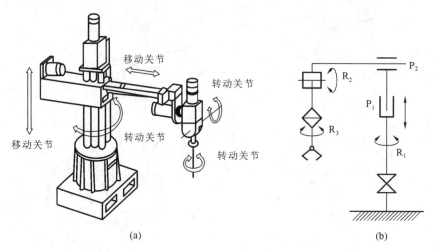

图 1-30　圆柱坐标机器人自由度

4) 极坐标机器人的自由度

极坐标机器人有 5 个自由度,如图 1-31 所示。臂部可沿自身轴线伸缩移动,可绕机身垂直轴线回转,并可在垂直平面内上下摆动,构成 3 个自由度;另外,臂部、腕部和末端执行器三者间采用 2 个转动关节连接,构成 2 个自由度。这类机器人的灵活性好,工作空间大。

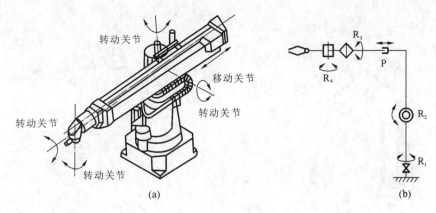

图 1-31 极坐标机器人自由度

5）关节坐标机器人的自由度

关节机器人的自由度与关节机器人的轴数和关节形式有关,现以常见的 SCARA 平面关节机器人和六轴关节机器人为例进行说明。

（1）SCARA 平面关节机器人 SCARA 型关节机器人有 4 个自由度,如图 1-32 所示。SCARA 型关节机器人的大臂与机身的关节、大小臂间的关节都为转动关节,具有 2 个自由度；小臂与腕部处的关节为移动关节,此关节处具有 1 个自由度；腕部和末端执行器的关节为 1 个转动关节,具有 1 个自由度,实现末端执行器绕垂直轴线的旋转。这种机器人适用于平面定位,在垂直方向进行装配作业。

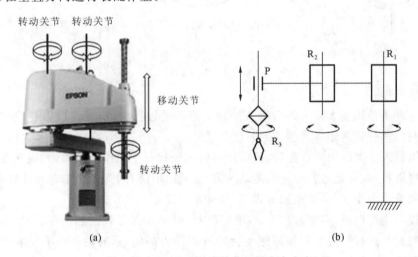

图 1-32 SCARA 平面关节机器人自由度

（2）六轴关节机器人 六轴关节机器人有 6 个自由度,如图 1-33 所示。六轴关节机器人的机身与底座处的腰关节、大臂与机身处的肩关节、大小臂间的肘关节,以及小臂腕部和手部三者间的三个腕关节,都是转动关节,因此该机器人具有 6 个自由度。这种机器人动作灵活、结构紧凑。

2.工作空间

机器人的工作空间（working space）是指机器人手臂或手部安装点所能达到的所有的空间区域,不包括手部本身所能达到的区域。机器人所具有的自由度数目及其组合不同,则其运动图表不同；我们在操作工业机器人时常用到自由度的变化量（即直线运动的距离和回转角度的大小）,决定着运动图形的大小。如图 1-34 所示为 PUMA 机器人的工作空间。

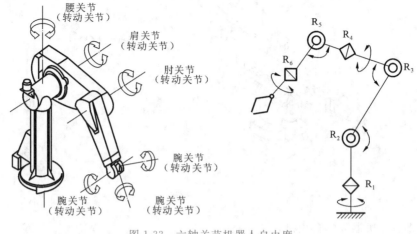

图 1-33 六轴关节机器人自由度

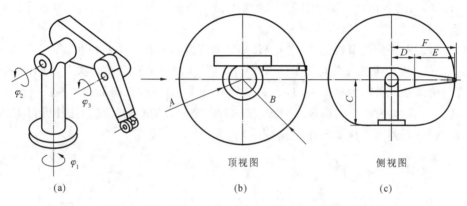

图 1-34 PUMA 机器人的工作空间

3.工作速度

工作速度是指机器人在工作载荷条件和匀速运动过程中,机械接口中心或工具中心点在单位时间内所移动的距离或转动的角度。

确定机器人手臂的最大行程后,根据循环时间安排每个动作的时间,并确定各动作同时进行或顺序进行,就可确定各动作的运动速度。分配动作时间除考虑工艺动作要求外,还要考虑惯性和行程大小、驱动和控制方式、定位和精度要求。

为了提高生产效率,需缩短整个运动循环时间。运动循环包括加速度启动、等速运动和减速制动的整个过程。过大的加减速度会导致惯性力加大,影响动作的平稳和精度。为了保证定位精度,加减速过程往往占去较长时间。

4.工作载荷

工作载荷是指机器人在规定的性能范围内,机械接口处(包括手部)能承受的最大载荷量。用重量、力矩、惯性矩来表示。

载荷大小主要考虑机器人各运动轴上的受力和力矩,包括手部的重量、抓取工件的重量,以及由运动速度变化而产生的惯性力和惯性力矩。一般低速运行时,承载能力大,为安全考虑,规定在高速运行时所能抓取的工件重量作为承载能力指标。

目前使用的工业机器人,其承载能力范围较大,最大可达 9 kN。

5.控制方式

在介绍控制方式之前,我们先介绍两个概念:伺服与伺服控制系统。

伺服是使物体的位置、状态等输出，能够跟随输入量的任意变化而变化的自动控制方法。

伺服控制系统是用来精确地跟随或复现某个过程的反馈控制系统，又称随动系统。在很多情况下，伺服系统专指被控制量（系统的输出量）是机械位移或位移速度、加速度的反馈控制系统，其作用是使输出的机械位移（或转角）准确地跟踪输入的位移（或转角）。

机器人控制轴的方式有两种：伺服控制和非伺服控制。

伺服控制的机器人一般又可细分为连续轨迹控制类和点位（点到点）控制类。但无论哪一类，都要对有关位置和速度（以及可能的其他一些物理量）的信息进行连续监测并反馈到与机器人各关节有关的控制系统中去。因此，各轴都是闭环的。闭环控制的应用使机械手的构件能按指令在各轴行程范围内的任何位置移动。此外，还可以控制不同轴上的运动在运动端点之间的速度、加速度、负加速度和冲击（即加速度对时间的导数），因此，可以大大降低机械手的振动。

伺服控制机器人具有以下特点：与非伺服控制机器人比较，有较大的记忆存储容量。这就意味着能存储较多点的地址，因而运行可更为复杂平稳。编制和存储的程序可以超过一个，因而机器人可以有不同用途，并且转换程序所需的停机时间极短。

6. 驱动方式

机器人驱动器就是用来使机器人发出动作的动力机构。机器人驱动器可将电能、液压能和气压能转化为机器人的动力。驱动方式是指关节执行器的动力源形式，主要有液压式、气动式和电动式等三种。

7. 精度、重复精度和分辨率

精度是指一个位置相对于其参照系的绝对度量，指机器人手部实际到达位置与所需要到达的理想位置之间的差距，如图 1-35 所示。

重复精度是指在相同的运动位置命令下，机器人连续若干次运动轨迹之间的误差度量。如果机器人重复执行某位置给定指令，它每次走过的距离并不相同，而是在一平均值附近变化，该平均值代表精度，而变化的幅度代表重复精度，如图 1-36 所示。

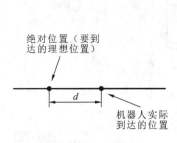

图 1-35　精度

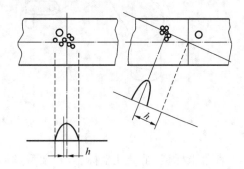

图 1-36　重复精度

分辨率是指机器人每根轴能够实现的最小移动距离或最小转动角度。精度和分辨率不一定相关。一台设备的运动精度是指命令设定的运动位置与该设备执行此命令后能够达到的运动位置之间的差距，分辨率则反映了实际需要的运动位置和命令所能够设定的位置之间的差距。如图 1-37 所示为精度、重复精度和分辨率的关系。

工业机器人的精度、重复精度和分辨率是根据其使用要求确定的。机器人本身所能达到的精度取决于机器人结构的刚度、运动速度控制和驱动方式、定位和缓冲等因素。由于机

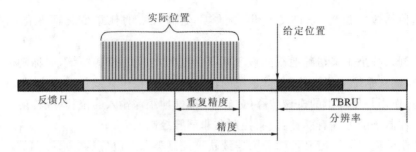

图 1-37 精度、重复精度和分辨率的关系

器人有转动关节,不同回转半径时其直线分辨率是变化的,因此机器人的精度难以测定。由于精度一般难测定,通常工业机器人只给出重复精度。

四、工业机器人的坐标及参考坐标系

1.工业机器人的坐标

工业机器人的坐标形式有直角坐标型、圆柱坐标型、极坐标型、关节坐标型和平面关节型。如图 1-38 所示。

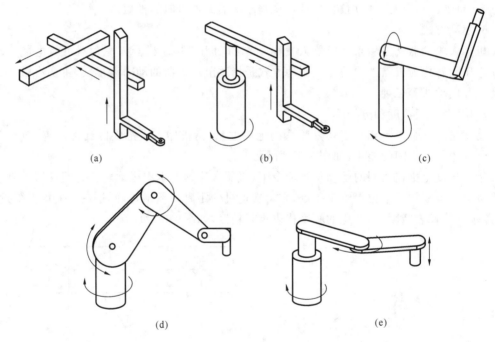

(a) (b) (c)

(d) (e)

图 1-38 工业机器人的坐标

(a) 直角坐标型 (b) 圆柱坐标型 (c) 极坐标型 (d) 关节坐标型 (e) 平面关节型

1) 直角坐标型/笛卡儿坐标型/台架型(3P)

这种机器人由 3 个滑动关节组成,这 3 个关节用来确定末端操作器的位置,通常还带有附加的旋转关节,用来确定末端操作器的姿态。这种机器人在 X、Y、Z 轴上的运动是独立的,因此很容易通过计算机控制实现;它可以两端支撑,对于给定的结构长度,刚度最大;它的精度和位置分辨率不随工作场合而变化,容易达到高精度。但是,它的操作范围小,手臂收缩的同时又向相反的方向伸出,不仅妨碍工作,而且占地面积大,运动速度低,密封性不好。如图 1-39 所示为直角坐标机器人的工作空间示意图。

直角坐标机器人

2）圆柱坐标型（R2P）

圆柱坐标机器人由两个滑动关节和一个旋转关节来确定部件的位置，再附加一个旋转关节来确定部件的姿态。这种机器人可以绕中心轴旋转一个角度，工作范围可以扩大，且计算简单，直线部分可采用液压驱动，可输出较大的动力，能够伸入型腔式机器内部。但是，它的手臂可以到达的空间受到限制，不能到达近立柱或近地面的实质空间；直线驱动部分难以密封、防尘；后臂工作时，手臂后端会碰到工作范围内的其他物体。圆柱坐标机器人的工作范围呈圆柱形状，如图1-40所示。

圆柱坐标机器人

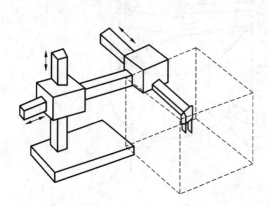

图1-39 直角坐标机器人的工作空间示意图　　　图1-40 圆柱坐标机器人的工作空间示意图

3）极坐标型（2RP）

极坐标机器人采用极坐标系，它用一个滑动关节和两个旋转关节来确定部件的位置，再用一个附加的旋转关节确定部件的姿态。这种机器人可以绕中心轴旋转，中心支架附近的工作范围大，两个转动驱动装置容易密封，覆盖工作空间较大。但该坐标系复杂，难于控制，且直线驱动装置仍存在密封及工作死区的问题。极坐标机器人的工作范围呈球缺状，如图1-41所示。

4）垂直关节坐标型/拟人型（3R）

垂直关节坐标机器人的关节全都是旋转的，类似于人的手臂，是工业机器人中最常见的结构。它的工作范围较为复杂，如图1-42所示。

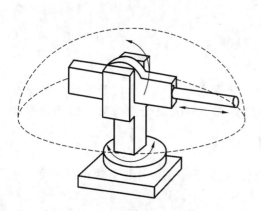

图1-41 极坐标机器人的工作空间示意图

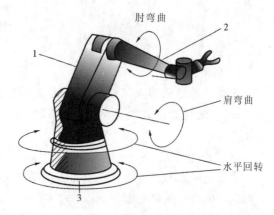

图1-42 垂直关节坐标机器人
1—上臂；2—前臂；3—底座

21

5）平面关节型

这种机器人可以看作是关节坐标机器人的特例,它只有平行的肩关节和肘关节,关节轴线共面。如图 1-43 所示的机器人有两个并联的旋转关节,可以使机器人在水平面上运动,此外,再用一个附加的滑动关节做垂直运动。这种机器人常用于装配作业,最显著的特点是它们在 X-Y 平面上的运动具有较大的柔性,而沿 Z 轴具有很强的刚性,所以它具有选择性的柔性。这种机器人在装配作业中获得了较好的应用。

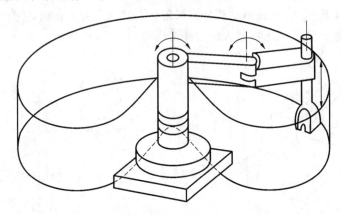

图 1-43　平面关节坐标机器人

2. 工业机器人的参考坐标系

工业机器人的运动实质是根据不同作业内容和轨迹的要求,在各种坐标系下的运动。工业机器人的坐标系主要包括:基坐标系、关节坐标系、工件坐标系及工具坐标系,如图 1-44 所示。

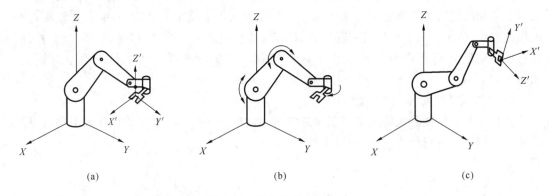

图 1-44　工业机器人坐标系

1）基坐标系

基坐标系是机器人其他坐标系的参照基础,是机器人示教与编程时经常使用的坐标系之一,它的位置没有硬性的规定,一般定义其原点在机器人安装面与第一转动轴的交点处。

2）关节坐标系

关节坐标系的原点设置在机器人关节中心点处,反映了该关节处每个轴相对该关节坐标系原点位置的绝对角度。

3）工件坐标系

工件坐标系是用户自定义的坐标系,该坐标系是将基坐标系的轴向坐标偏转角度得来的。用户坐标系也可以定义为工件坐标系,可根据需要定义多个工件坐标系,当配备多个工作台时,选择工件坐标系操作更为简单。

4)工具坐标系

工具坐标系是原点安装在机器人末端的工具中心点(tool center point,TCP)的坐标系,原点及方向都是随着末端位置与角度不断变化的,该坐标系是将基坐标系通过旋转及位移变化而来的。工具坐标的移动,以工具的有效方向为基准,与机器人的位置、姿势无关,所以进行相对于工件不改变工具姿势的平行移动操作时最为适宜。

项目拓展与提高

目前全球研制中的机器人

1.军用机器人

美国弗吉尼亚理工大学的研究人员以水母为原形,研发了新型的低温水母机器人。水母机器人通过硅胶材质外壳下面的水下机械臂进行移动,在游泳池中几乎看不出来这是一个机器人。如果在水温较低的环境下运行,这台水母机器人可以连续移动长达1个月时间,具有极强的环境适应能力。

彩虹5无人机

人形家庭智能服务型机器人

弗吉尼亚理工大学的研究人员表示,未来他们还可以研发出尺寸更大的水母机器人,一旦研究成功,该项目不仅可以被应用到海洋检测和清理泄漏石油上,甚至还可被应用到军事领域,进行伪装和侦查等任务。

2.辅助型机器人

劳斯莱斯和通用电气公司的工程师们研发了一种专门用于发现并修复飞机引擎故障的装置,直径大约只有半英寸。它被称为"蛇形机器人"。据悉,该机器人将被放入到引擎中,由一名技术员进行控制,技术员将根据它们发回的图片引导它们进入引擎内部,整个过程有点像远距离外科手术。

3.清洁型机器人

日本的 Takara Tomy 公司针对清洁屏幕这一问题推出了一款微型屏幕清洁机器人,它工作起来就像是勤劳的清洁工,通过左右滑动将你的手机或平板电脑清理得一尘不染,而它的造型也十分可爱,圆形的设计惹人喜爱,人们很难把它和传统的智能机器人联系起来,但是它就是这么奇妙的智能机器人。

来自 Ecovacs 公司的 Winbot——擦窗机器人,它可以用橡胶扫帚清洁你的玻璃,同时还能自动沿着窗户表面移动。这款机器人比其他的机器人好的地方在于它使用了一个真空封接以粘在玻璃上,而不是像类似产品一样采用一个独立的磁铁片。你只需要将其插进一个电源接口,再给清洁衬垫喷洒一种溶液,然后将它靠在窗户上放置,最后开机。真空封接会马上紧抓住窗户,然后机器人就会首先往下移动到窗沿底部,然后再到顶部来测试表面。随后,它将来回转弯清洁整个玻璃,清洁完成后将返回到最初的位置。

4.仿生类机器人

德国慕尼黑工业大学研制了一款具有仿生面孔的机器人,称为"面具机器人"。它能够轻微地移动头部,皱动眉毛,逼真地模拟真人颤振眼睑,并能够与人们进行交谈。德国慕尼黑工业大学研究人员现正在研制下一代面具机器人,这款面具机器人不久将当作老年人群的生活伙伴,尤其是那些晚年经常独处的老年人的伙伴。

5.艺术类机器人

德国卡尔斯鲁厄市艺术和媒体技术中心机器人实验室的艺术家研制了一款可以为人绘制肖像的肖像绘画机器人。目前,这款肖像绘画机器人使用边沿加工软件来确定人物肖像的结构分布,同时机器人用铅笔绘画时把握整体感。据悉,肖像绘画机器人绘画一幅肖像大概用 10 min,其速度远远超过街头艺术家,同时,机器人的绘画技能更加精湛高超。

意大利发明家研制了一款音乐家机器人,它拥有 19 根手指,不仅能够弹奏钢琴,而且弹奏速度要比人类更快,还可以踩着鼓点自弹自唱,其表现出来的音乐能力非常惊人。

随着科技的发展,可以预见的是,在不久的未来我们的身边会有越来越多的机器人,它们的出现带来了生活上的便利,以及工作效率的提高。但是也揭示了人与机器人之间的这种矛盾与冲突:随着机器人智能化的突飞猛进,如何正确地利用机器人而不是被其利用成为机器人的奴隶,这或许是我们每个人都值得思考的问题。

实训项目一　认识工业机器人的基本操作

实训目的

(1) 了解机器人操作的安全规范和注意事项。

(2) 认识 HSR-JR612 机器人的基本结构和组成,了解各部分的作用。

(3) 学会正确地进行开关机操作。

实训设备

HSR-JR612 六轴机器人实训平台一套(见图 1-45)。

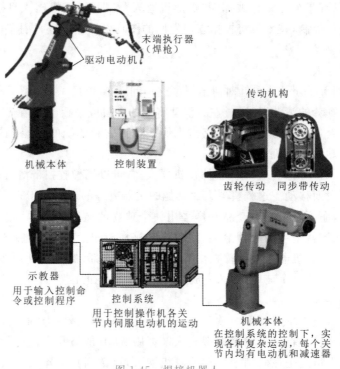

图 1-45　焊接机器人

实训课时

4 课时。

实训内容

(1) 认识 HSR-JR612 机器人控制面板。

(2) 认识 HSR-JR612 机器人示教器。

(3) 了解 HSR-JR612 机器人控制系统组成。

(4) 对 HSR-JR612 机器人进行开机前检查。

(5) 对 HSR-JR612 机器人进行开机和关机操作。

注意事项

(1) 经过操作面板和示教器操作机器人时,勿触碰机器人本体及电器柜内部。

(2) 开机后查看示教器或机器人其他结构时,按下急停开关,以防机器人误动作。

(3) 示教机器人前,先执行下列检查步骤,如发现问题,则应立即更正,并确认其他所有必须完成的工作均已完成。

① 检查机器人的运动有无异常的问题。

② 检查外部电缆的绝缘及遮盖物是否损坏。

(4) 连续运动模式下,倍率值不能超过 20%。

(5) 操作机器人时,仔细预估机器人的轨迹后再操作,以免发生误操作导致机器人损坏或造成人身伤害。

(6) 机器人末端靠近目标点时,调小倍率值或选用增量模式进行操作。

(7) 进行手动操作时,尽量远离机器人。如无必要,不要待在围栏内。

(8) 勿自行运行程序。

实训步骤

1.启动工业机器人

1) 开机前检测

开机前检测项目如表 1-1 所示。

表 1-1 开机前检测项目

检查项目	是否正常	处理方法	备注
线槽导线无破损外露			
机器人本体、外部轴上无杂物、工具等			
控制柜上不摆放物品,尤其是装有液体的物品			
漏气、漏水、漏电现象			
确认急停按钮等是否能正常工作			

2) 开机

(1) 接通总闸电源、气源。

(2) 将操作面板上电源开关调至"ON"挡位,电源指示灯亮,示教器界面显示初始化。

(3) 示教器正常启动且无报警,表示系统正常启动,复位"急停"按钮,即可进行机器人的操作。

图 1-46　操作面板

3）停机

（1）按下急停按钮，将示教器放置于专用挂架上。

（2）将操作面板电源开关调至"OFF"挡位，机器人断电停机。

（3）关闭总闸电源、气源，进行现场清理。

2. 认识操作面板和示教器及控制系统

1）认识操作面板

HSR-JR612 的操作面板如图 1-46 所示。

将各按钮和指示灯的功能填于表 1-2 中。

表 1-2　按钮和指示灯的功能

名称	功能
急停按钮	
电源指示	
报警指示	
电源开关	

2）认识示教器

将如图 1-47 所示示教器各按键的功能填于表 1-3 中。

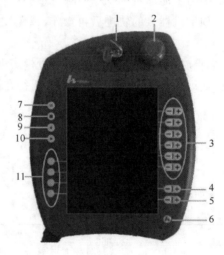

图 1-47　示教器

表 1-3　示教器按键功能

编号	功能
1	
2	
3	
4	
5	
6	
7	
8	
9	
10	
11	

3）机器人控制系统组成

图1-48所示为机器人控制系统组成，将各模块功能填写于表1-4中。

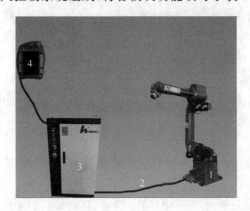

图1-48　机器人控制系统组成

表1-4　机器人控制系统各组成部分的功能

编号	名称	功能
1	机械手	
2	连接电缆	
3	电控系统	
4	HSpad示教器	

项目拓展与提高

机器人调试安全操作规程

进入机器人工作区时，必须按下电柜或示教盒急停按钮，悬挂工作警示牌。

1）开机前应做到

（1）操作人员必须熟知机器人的性能和操作注意事项。

（2）机器人操作人员必须经过机器操作专业培训合格后方可操作。

（3）开机前必须检查各部件（电器、机械）是否正常，确认本体线缆与电柜连接正确、正常。

2）开机中应做到

（1）开启控制柜的主开关，确认电柜各指示灯是否正确。

（2）手动操作机器人前必须确认机器人读取的各轴位置是否与实际位置一致。

（3）手动低速操作机器人各轴（5％），确认各轴零点与极限位是否正常。

（4）在使用时，如遇停电而导致动作停止，需要立即关闭电源，等恢复来电后方可开电源使用。

（5）使用中，如遇故障，必须及时通知调试人员，停电进行故障排除，严禁自行拆解维修。

3）自动运行应做到

（1）自动运行程序前，必须确认机器人零位与各程序点正确，低速（5％）手动单步运行到程序末点,确认运动无误后,方可进入自动模式;以低速(5%)自动运行一遍后,方可进入高速运行。

(2)严禁开机后直接进入高速自动状态。

4)带载运动应做到

安装载荷后,确保安装螺钉全部安装到位,方可启动机器人。

5)拆撤机器人应做到

拆撤机器人电柜与本体前,确保主电柜相应开关断开,拔下主电源进线,插入相应防护措施,防止误将相应开关接通。

危险情况的处理

(1)操作机器人前请先确认急停键可以正常工作;按下电控柜上的急停键,伺服准备指示灯熄灭说明急停键正常。

如果机器人不能在紧急情况下停止,则可能会引起机械的损坏。

(2)当在机器人在动作范围内进行示教工作时,应遵守下列警示。

① 始终从机器人的前方进行观察。

② 始终按预先制定好的操作程序进行操作。

③ 始终具有当机器人万一发生未预料的动作而进行躲避的想法。

④ 确保自己在紧急的情况下有退路。

不适当和不认真地操作机器人会对机器人和操作者造成伤害。

(3)在执行下列操作前,确认在机器人动作范围内应无任何人员,并确保自己处在一个安全的位置区内。

① 接通电控柜的电源。

② 手持操作示教器操作机器人。

③ 回放。

④ 远程控制。

如果机器人与进入动作范围内的任何人员发生碰撞,将会造成人身伤害。

项 目 小 结

本项目主要讲述了机器人的一些基础知识,在本项目的学习中,学生主要要了解机器人的发展状况、影响机器人工作效率的主要技术参数;理解机器人的工作原理,掌握机器人的构成要件及各构成要件的作用。

思考与练习

一、填空题

1.机器人的英文名称是:_____。它是_____的机器装置,既可以接受人类指挥,又可以_____的程序,也可以根据以_____技术制定的原则纲领行动。它的任务是_____工作。

2.智能机器人不仅具备了_____能力,而且还具有_____,并具有记忆、_____的能力,因而能够完成更加复杂的动作。

3.工业机器人按控制方式可以分为点位控制方式、_____、_____和智能控制方式。

4.工业机器人由3大部分和6个子系统组成。3大部分是_____、传感部分、_____。6个子系统是驱动系统、_____、感受系统、机器人-环境交互系统、_____和控制系统。

5.机器人主要技术参数有_____、_____、_____、_____、_____、_____。

6.工业机器人的坐标形式有_____、圆柱坐标型、_____、关节坐标型和_____。

7.工业机器人可以根据不同作业内容和轨迹的要求在不同的坐标系下运动。工业机器人的坐标系主要包括：_____、_____、_____、_____。

二、选择题

1.工业机器人一般具有的基本特征是(　　　)。
　① 拟人性；② 特定的机械机构；③ 不同程度的智能；④独立性；⑤通用性
　A.①②③④　　　　B.①②③⑤　　　　C.①③④⑤　　　　D.②③④⑤

2.按机器人结构坐标系特点可将机器人分为(　　　)。
　① 直角坐标机器人；② 圆柱坐标机器人；③ 球面坐标机器人；④ 关节坐标机器人
　A.①②　　　　　　B.①②③　　　　　C.①②④　　　　　D.①②③④

3.工业机器人按用途可分为(　　　)。
　① 装配机器人；② 焊接机器人；③ 搬运机器人；④智能机器人；⑤喷涂机器人
　A.①②③④　　　　B.①②③⑤　　　　C.①③④⑤　　　　D.②③④⑤

4.工业机器人技术的发展方向是(　　　)。
　① 智能化；② 自动化；③ 系统化；④模块化；⑤拟人化
　A.①②③④　　　　B.①②③⑤　　　　C.①③④　　　　　D.②③④

5.机器人的精度主要依存于(　　　)、控制算法误差与分辨率系统误差。
　A.传动误差　　　　B.关节间隙　　　　C.机械误差　　　　D.连杆机构的挠性

三、判断题

1.工业机器人是一种能自动控制，可重复编程，多功能、多自由度的操作机。　　　(　　　)

2.直角坐标机器人具有结构紧凑、灵活、占用空间小等优点，是目前工业机器人大多采用的结构形式。　　　　　　　　　　　　　　　　　　　　　　　　(　　　)

3.工业关节型机器人主要由立柱、前臂和后臂组成。　　　　　　　　　　　(　　　)

4.球面关节允许两边杆之间有三个独立的相对轴动，这种关节具有三个自由度。
　　　　　　　　　　　　　　　　　　　　　　　　　　　　　　　　(　　　)

四、简答题

1.智能机器人的所谓智能的表现形式是什么？

2.机器人分为哪几类？

3.工业机器人由哪几部分组成？

4.什么是工业机器人的自由度？

5.机器人技术参数有哪些？各参数的意义是什么？

6.工业机器人控制方式有哪几种？

项目二 工业机器人的机械结构

通过项目一的学习,我们知道工业机器人主要用于工业生产中代替人做某些单调、频繁和重复的长时间作业,或是危险、恶劣环境下的作业。那么它究竟是如何完成这些工作的呢?从本项目开始,我们就开始研究工业机器人的各个组成部分,下面先从工业机器人的机械结构部分开始,看看它的每一部分的组成与工作原理。

项目目标要求

知识目标
- 了解工业机器人的机械结构组成。
- 掌握工业机器人的手部结构组成、工作原理及作用。
- 掌握工业机器人的手腕结构组成、工作原理及作用。
- 掌握工业机器人的手臂结构组成、工作原理及作用。
- 掌握工业机器人的机身结构组成、工作原理及作用。
- 熟练掌握工业机器人机身与臂部的配置形式。

能力目标
- 能够识别工业机器人的手部、手腕、手臂、机身部分,理解工业机器人机械结构组成部分的工作原理及其所能完成的主要功能。

情感目标
- 培养学生对机器人的兴趣,培养学生关心科技、热爱科学、勇于探索的精神。

任务一 工业机器人的手部结构

提及机器人,大家更多的可能是想到那些具有人类形态、拟人化的机器人。但事实上,除部分场所中的服务机器人外,大多数机器人都不具有基本的人类形态,更多的是以机械手的形式存在,这点在工业机器人身上体现得非常明显。工业机器人的机械结构主要包括手部(末端操作器)、手腕、手臂和机身四部分。工业机器人机械部分的设计是工业机器人设计的重要部分,其他系统的设计应有各自独立要求,但必须与机械系统相匹配,相辅相成,才能组成一个完整的机器人系统。

任务说明

工业机器人必须有"手",这样它才能根据电脑发出的"命令"执行相应的动作。"手"不仅是一个执行命令的机构,它还应该具有识别的功能,这就是我们通常所说的"触觉"。下面我们就来认识一下工业机器人的手是什么样子的。

活动步骤

(1) 教师通过多媒体展示工业机器人的手部结构组成图,并分析手部结构各组成部分的作用及工作原理。

(2) 学生查阅与工业机器人手部结构组成有关的资料。

(3) 分组讨论并思考以下问题。

① 工业机器人手部在工作中主要作用是什么?

② 工业机器人手部由哪些部分组成?

③ 工业机器人手部的工作原理是什么?

任务知识

工业机器人是一种模拟人手臂、手腕和手功能的机电一体化装置,可对物体运动的位置、速度和加速度进行精确控制,从而完成某一工业生产的作业要求。机器人为了进行作业,在手腕上配置了操作机构,有时也称为手爪或末端操作器。它是装在机器人手腕上直接用于抓取和握紧专用工具并进行操作的部件,它具有模仿人手动作的功能,安装于机器人手臂的末端。

工业机器人是一种通用性很强的自动化设备,可根据作业要求,再配上各种专用的末端操作器,来完成各种动作。如在通用机器人上安装焊枪就成为一台焊接机器人,安装拧螺母机则成为一台装配机器人。机器人的手部是最重要的执行机构,从功能和形态上看,它可分为工业机器人的手部和仿人机器人的手部。

一、工业机器人的手部

机器人必须有"手",这样它才能根据电脑发出的"命令"执行相应的动作。"手"不仅是一个执行命令的机构,它还应该具有识别的功能,这就是我们通常所说的"触觉"。机器人的手一般由方形的手掌和节状的手指组成。为了使机器人手具有触觉,在手掌和手指上都装有带有弹性触点的触敏元件,当手指触及物体时,触敏元件发出接触信号,否则就不发出信号。由于被握工件的形状、尺寸、重量、材质及表面状态等不同,因此工业机器人的手爪是多种多样的,并大致可分为夹持式取料手、吸附式取料手和专用工具(如焊枪、喷嘴、电磨头等)三类。

1. 夹持式取料手

夹持式取料手分为三种:夹钳式、钩拖式和弹簧式。此类手按其手指夹持工作时的运动方式,又可分为手指回转型和指面平移型等两种。

1) 夹钳式

夹钳式手部与人手相似,是工业机器人广为应用的一种手部形式。它一般由手指、驱动机构、传动机构、支架组成,如图 2-1 所示。

手指是直接与工件接触的部件。手部松开和夹紧工件,就是通过手指的张开与闭合来实现的。一般情况下机器人的手部有两个手指,也有三个或多个手指的,它们的结构形式常取决于被夹持工件的形状和特性。

传动机构是向手指传递运动和动力,以实现夹紧和松开动作的机构。该机构根据手指开合的动作特点分为回转型和平移型等两类。回转型又分为一个支点回转型和多个支点回转型等两种。根据手爪夹紧是摆动还是平动,又可分为摆动回转型和平动回转型等两类。

(1) 回转型传动机构 回转型传动机构是指夹钳式手部中较多的是回转型手部,其手指就是一对(或几对)杠杆,再同斜楔、滑槽、连杆、齿轮、蜗杆或螺杆等机构组成复合式杠杆

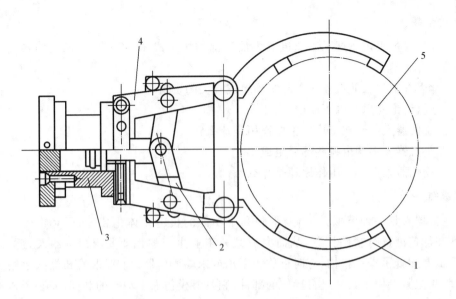

图 2-1　夹钳式手部的组成

1—手指；2—传动机构；3—驱动机构；4—支架；5—工件

传动机构，用以改变传动比（机构中两转动构件角速度的比值，也称为速比）和运动方向等。

（2）平移型传动机构　平移型传动机构是指平移型夹钳式手部，它是通过手指的指面做直线往复运动或平面移动来实现张开或闭合动作的，常用于夹持具有平行平面的工件，如冰箱等。其结构较复杂，不如回转型手部应用广泛。平移型传动机构根据其结构，大致可分为平面平行移动机构和直线往复移动机构两种。

①　直线往复移动机构　实现直线往复移动的机构很多，常用的斜楔传动、齿条传动、螺旋传动等均可应用于手部结构，如图 2-2 所示。图 2-2（a）所示的为斜楔平移机构，图 2-2（b）所示的为连杆杠杆平移机构，图 2-2（c）所示的为螺旋斜楔平移机构。它们既可是双指型的，也可是三指（或多指）型的；既可自动定心，也可非自动定心。

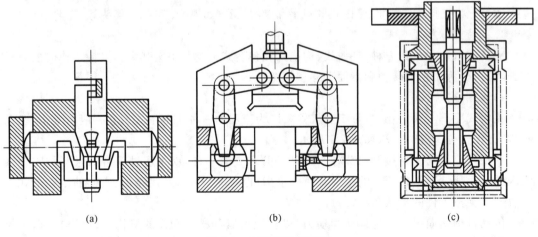

(a)　　　　　　　　　　(b)　　　　　　　　　　(c)

图 2-2　直线平移型手部

②　平面平行移动机构　图 2-3 所示的为几种平面平行平移型夹钳式手部的简图。图 2-3（a）所示的是采用齿条齿轮传动的手部；图 2-3（b）所示的是采用蜗杆传动的手部；图 2-3（c）所示的是采用连杆斜滑槽传动的手部。它们的共同点是，都采用平行四边形的铰

链机构-双曲柄铰链四连杆机构,以实现手指平移。其差别在于,分别采用齿条齿轮、蜗杆蜗轮、连杆斜滑槽的传动方法。

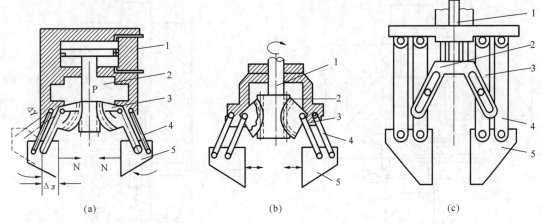

图 2-3　四连杆机构平移型手部
1—驱动器;2—驱动元件;3—驱动摇杆;4—从动摇杆;5—手指

2) 钩拖式

钩拖式手部主要特征是不靠夹紧力来夹持工件,而是利用手指对工件钩、拖、捧等动作来搬运工件。应用钩拖方式可降低驱动力的要求,简化手部结构,甚至可以省略手部驱动装置。它适用于在水平面内和垂直面内做低速移动的搬运工作,尤其对大型笨重的工件或结构粗大而质量较轻且易变形的工件的搬运更有利。

3) 弹簧式

弹簧式手部靠弹簧力的作用将工件夹紧,手部不需要专用的驱动装置,结构简单。它的使用特点是,工件进入手指和从手指中取下工件都是强制进行的。由于弹簧力有限,故只适用于夹持轻小工件。

2.吸附式取料手

吸附式取料手靠吸附力取料,根据吸附力的不同,分为气吸附和磁吸附等两种。吸附式取料手适用于大平面(单面接触无法抓取)、易碎(玻璃、磁盘)、微小(不易抓取)的物体,因此使用面很广。

1) 气吸附式取料手

气吸附式取料手是工业机器人常用的一种吸持工件的装置。它由吸盘(一个或几个)、吸盘架及进排气系统组成,是利用吸盘内的压力和大气压之间的压力差而工作的。气吸附式取料手与夹钳式取料手相比,具有结构简单,重量轻,吸附力分布均匀等优点,对于薄片状物体,如板材、纸张、玻璃等物体的搬运更有其优越性,广泛应用于非金属材料或不可有剩磁的材料的吸附。气吸附式取料手的另一个特点是,对工件表面没有损伤,且对被吸持工件预定的位置精度要求不高,但要求物体表面较平整光滑,清洁,无孔无凹槽,被吸工件材质致密,没有透气空隙。按形成压力差的方法,可分为真空吸附取料手(见图 2-4)、气流负压气吸附取料手(见

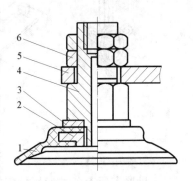

图 2-4　真空吸附取料手
1—橡胶吸盘;2—固定环;3—垫片;
4—支承杆;5—基板;6—螺母

图 2-5)、挤压排气负压气吸附式取料手(见图 2-6)等几种。

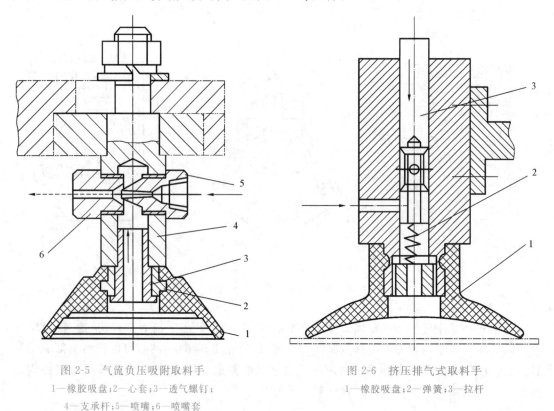

图 2-5 气流负压吸附取料手
1—橡胶吸盘;2—心套;3—透气螺钉;
4—支承杆;5—喷嘴;6—喷嘴套

图 2-6 挤压排气式取料手
1—橡胶吸盘;2—弹簧;3—拉杆

2) 磁吸附式取料手

磁吸附式取料手是利用永久电磁铁或电磁铁通电后产生的磁力来吸附工件的,其应用较广泛。磁吸式手部与气吸式手部相同,不会破坏被吸附表面质量。磁吸附式手部比气吸附式手部的优越方面是:有较大的单位面积吸力,对工件表面粗糙度及通孔、沟槽等无特殊要求。

图 2-7 所示为几种电磁式吸盘吸料示意图。图 2-7(a)为吸附滚动轴承底座的电磁式吸盘;图 2-7(b)为吸取钢板的电磁式吸盘;图 2-7(c)为吸取齿轮用的电磁式吸盘;图 2-7(d)为吸附多孔钢板用的电磁式吸盘。

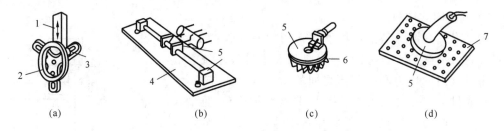

(a)   (b)   (c)   (d)

图 2-7 几种电磁式吸盘吸料示意图
1—手臂;2—滚动轴承座圈;3—手部电磁式吸盘;4—钢板;5—电磁式吸盘;6—齿轮;7—多孔钢板

3. 专用工具

机器人配上各种专用的末端执行器后,就能完成各种动作,目前有许多由专用电动、气动工具改型而成的操作器,如图 2-8 所示,有拧螺母机、焊枪、电磨头、电铣头、抛光头、激光切割机等。这些专用工具形成一整套系列供用户选用,使机器人能胜任各种工作。

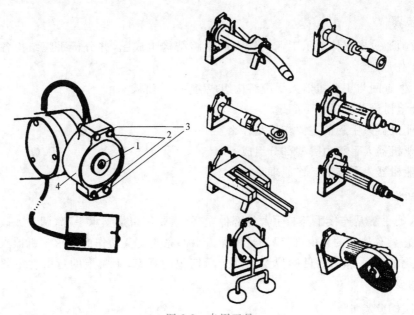

图 2-8　专用工具
1—气路接口；2—定位销；3—电接头；4—外壳

二、仿人机器人的手部

目前，大部分工业机器人的手部只有 2 个手指，而且手指上一般没有关节。因此取料不能适应物体外形的变化，不能使物体表面承受比较均匀的夹持力，因此无法满足对复杂形状、不同材质的物体实施夹持和操作，要提高机器人手部和手腕的操作能力、灵活性和快速反应能力，使机器人能像人手一样进行各种复杂的作业，就必须有一个运动灵活、动作多样的灵巧手，即仿人手。机器人手爪和手腕最完美的形式是模仿人手的多指灵巧手。如图 2-9 所示为多指灵巧手，它有多个手指，每个手指有 3 个回转关节，每一个关节的自由度都是独立控制的。因此，几乎人手指能完成的各种复杂动作它都能模仿，像拧螺钉、弹钢琴、做礼仪手势等动作。在手部配置触觉、力觉、视觉、温度传感器，多指灵巧手便能达到更完美的程度。多指灵巧手的应用前景十分广泛，可在各种极限环境下完成人手无法实现的操作，如核工业领域、宇宙空间作业，在高温、高压、高真空环境下作业等。

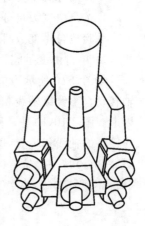

图 2-9　多指灵巧手

任务二　工业机器人的手腕结构

在讲述机器人手腕结构之前，大家先来想想人的手腕所处的位置以及作用，再推想一下机器人的手腕所处的位置及其作用。

任务说明

机器人手腕是连接手部和手臂的部件，它的主要作用是确定手部的作业方向。本部分的任务是了解手腕的结构。

活动步骤

（1）教师通过多媒体展示工业机器人的手腕结构组成图，并分析手腕结构各组成部分的作用及工作原理。

（2）学生查阅与工业机器人手腕结构组成有关的资料。

（3）分组讨论并思考以下问题。

① 工业机器人手腕的主要作用是什么？

② 工业机器人手腕由哪些部分组成？

③ 工业机器人手腕的工作原理是什么？

任务知识

机器人的手腕是连接手部与手臂的部件，它的主要作用是支承手部，调节或改变手部的方位，因此它具有独立的自由度，以满足机器人手部完成复杂动作的要求。机器人一般需要6个自由度才能使手部达到目标位置和处于所期望的姿态，手腕上的自由度主要是实现手部所期望的姿态。

一、手腕的分类

手腕的分类主要有两种方式：按自由度数目分类和按驱动方式分类。

1. 按自由度数目分类

手腕按自由度数目来分，可分为单自由度手腕、二自由度手腕和三自由度手腕等几种。

1）单自由度手腕

如图 2-10 所示为单自由度手腕，图 2-10(a) 是一种翻转（roll）关节（简称 R 关节），绕 Z 轴转动。手臂纵轴线和手腕关节轴线构成共轴形式。这种 R 关节旋转角度大，可达到 360° 以上。图 2-10(b) 是一种折曲（bend）关节（简称 B 关节），绕 Y 轴转动，关节轴线与前后两个连接件的轴线相垂直，这种 B 关节因为受到结构上的干涉，旋转角度小，大大限制了方向角。图 2-10(c) 是一种偏转（yaw）关节（简称 Y 关节），绕 X 轴转动。图 2-10(d) 所示为移动关节（简称 T 关节），绕 X、Y、Z 轴转动。

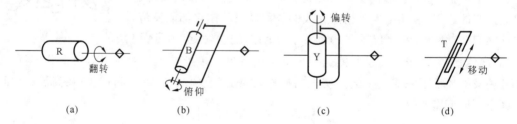

(a)   (b)   (c)   (d)

图 2-10　单自由度手腕关节

(a) R 关节　(b) B 关节　(c) Y 关节　(d) T 关节

2）二自由度手腕

如图 2-11 所示为二自由度手腕，二自由度手腕可以由一个 R 关节和一个 B 关节组成 BR 手腕（见图(2-11(a))），也可以由两个 B 关节组成 BB 手腕（见图 2-11(b)）。但是，不能由两个 R 关节组成 RR 手腕，因为两个 R 共轴线，所以退化了一个自由度，实际只构成了单自由度手腕（见图 2-11(c)）。

3）三自由度手腕

如图 2-12 所示，三自由度手腕可以由 B 关节和 R 关节组成许多种形式。图 2-12(a) 所示

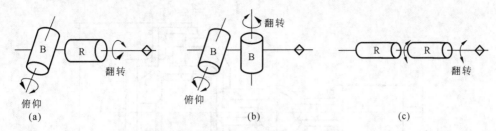

图 2-11　二自由度手腕
(a) BR 手腕　(b) BB 手腕　(c) RR 手腕(不可取)

是通常见到的 BBR 手腕,手部可进行俯仰(P)、偏转(Y)和翻转(R)运动,即 RPY 运动。图 2-12(b)所示是一个 B 关节和两个 R 关节组成的 BRR 手腕,为了不使自由度退化,使手部产生 RPY 运动,第一个 R 关节必须进行如图所示的偏置。图 2-12(c)所示是三个 R 关节组成的 RRR 手腕,它也可以实现手部 RPY 运动。图 2-12(d)所示是 BBB 手腕,很明显,它已退化为二自由度手腕,只有 PY 运动,实际中不采用这种手腕。此外,B 关节和 R 关节排列的次序不同,也会产生不同的效果,同时产生了其他形式的三自由度手腕。为了使手腕结构紧凑,通常把两个 B 关节安装在一个十字接头上,这对于 BBR 手腕来说,大大减小了手腕纵向尺寸。

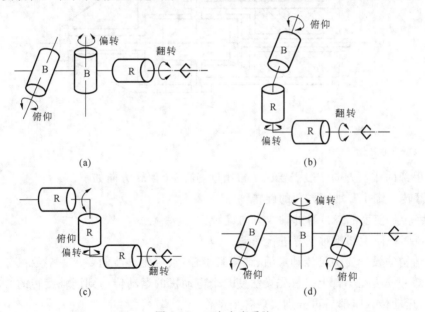

图 2-12　三自由度手腕
(a) BBR 手腕　(b) BRR 手腕　(c) RRR 手腕　(d) BBB 手腕

2. 按驱动方式分类

手腕按驱动方式,可分为直接驱动手腕和远距离传动手腕等两类。图 2-13 所示为一种液压直接驱动 BBR 手腕,设计紧凑巧妙。M1、M2、M3 是液压马达,直接驱动手腕的偏转、俯仰和翻转三个自由度轴。图 2-14 所示为一种远距离传动的 RBR 手腕。Ⅲ轴的转动使整个手腕翻转,即第一个 R 关节运动。Ⅱ轴的转动使手腕获得俯仰运动,即第二个 B 关节运动。Ⅰ轴的转动使第三个 R 关节运动。在 c 轴离开纸平面后,RBR 手腕便在三个自由度轴上输出 RPY 运动。这种远距离传动的好处是可以把尺寸、重量都较大的驱动源放在远离手腕处,有时放在手臂的后端作平衡重量用,这不仅减轻了手腕的整体重量,而且改善了机器人的整体结构的平衡性。

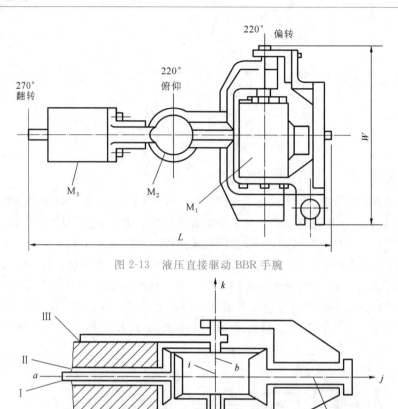

图 2-13　液压直接驱动 BBR 手腕

图 2-14　远距离传动 RBR 手腕

二、手腕的典型结构

确定手部的作业方向一般需要三个自由度,这三个回转方向如下。

(1)臂转　绕小臂轴线方向的旋转。

(2)手转　使手部绕自身的轴线方向旋转。

(3)腕摆　使手部相对于臂进行摆动。

手腕结构的设计要满足传动灵活、结构紧凑轻巧、避免干涉的要求。多数机器人腕部结构的驱动部分安装在小臂上。首先设法使几个电动机的运动传递到同轴旋转的心轴和多层套筒上去,运动传入腕部后再分别实现各个动作。

在用机器人进行精密装配作业中,当被装配零件的不一致,工件的定位夹具、机器人的定位精度不能满足装配要求时,装配将非常困难,这就提出了柔顺性概念。

柔顺装配技术有两种:一种是从检测、控制的角度,采取各种不同的搜索方法,实现边校正边装配。另一种是从机械结构的角度在手腕部配置一个柔顺环节,以满足柔顺装配的要求。

如图 2-15 所示是具有水平移动和摆动功能的浮动机构的柔顺手腕。水平移动浮动机构由平面、钢球和弹簧构成,实现在两个方向上的浮动;摆动浮动机构由上、下浮动件和弹簧构成,实现两个方向的摆动。在装配作业中,如遇夹具定位不准或机器人手爪定位不准,可自行校正。其动作过程如图 2-16 所示,在插入装配中,工件在局部被卡住时会受到阻力,促使柔顺手腕起作用,使手爪有一个微小的修正量,工件便能顺利插入。图 2-17 所示是另一种结构形式的柔顺手腕,其工作原理与上述柔顺手腕相似。

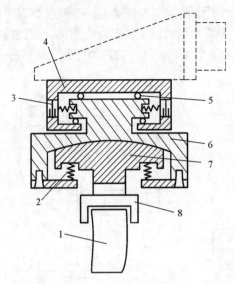

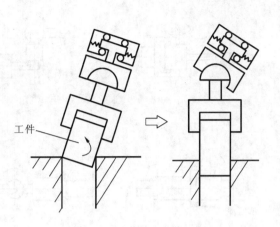

图 2-15　具有水平移动和摆动浮动机构的柔顺手腕
1—工件；2—弹簧；3—螺杆；4—中空固定件；5—钢珠；
6—上浮动件；7—下浮动件；8—机械手

图 2-16　柔顺手腕动作过程

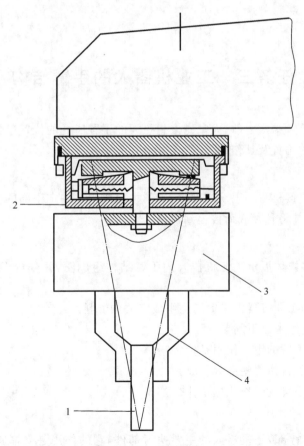

图 2-17　柔顺手腕
1—工件；2—骨架；3—机械手驱动部；4—机械手

腕部实际所需要的自由度数目应根据机器人的工作性能要求来确定。在有些情况下,腕部具有 2 个自由度,即翻转和俯仰或翻转和偏转。一些专用机械手甚至没有腕部,但有些腕部为了满足特殊要求还有横向移动自由度。图 2-18 所示为 3 自由度手腕的结合方式示意图。

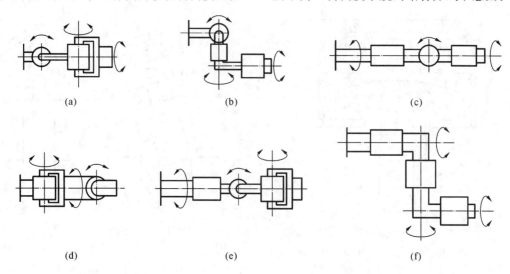

图 2-18   3 自由度手腕的结合方式示意图
(a) BBR 型 3 自由度手腕结构   (b) BRR 型 3 自由度手腕结构   (c) RBR 型 3 自由度手腕结构
(d) BRB 型 3 自由度手腕结构   (e) RBB 型 3 自由度手腕结构   (f) RRR 型 3 自由度手腕结构

任务三   工业机器人的手臂结构

在讲述机器人手臂结构之前,大家先来想想人的手臂所处的位置以及作用,再推想一下机器人的手臂所处的位置及其作用。

任务说明

机器人手臂是连接机身和手腕的部件,它的主要作用是确定手部的空间位置,满足机器人的作业空间要求,并将各种载荷传递到机座。

活动步骤

(1)教师通过多媒体展示工业机器人的手臂结构组成图,并分析手臂结构各组成部分的作用及工作原理。

(2)学生查阅与工业机器人手臂结构组成有关的资料。

(3)分组讨论并思考以下问题。

① 工业机器人手臂的主要作用是什么?

② 工业机器人手臂由哪些部分组成?

③ 工业机器人手臂的工作原理是什么?

任务知识

手臂部件(简称臂部)是机器人的主要执行部件,它的作用是支撑腕部和手部,并带动它们在空间运动。机器人的手臂由大臂、小臂(或多臂)组成。手臂的驱动方式主要有液压驱动、气动驱动和电动驱动几种形式,其中电动驱动形式最为通用。因而,一般机器人手臂有3个自由度,即手臂的伸缩、左右回转和升降(或俯仰)。机器人的臂部主要包括臂杆以及与其伸缩、屈伸或自转等运动有关的构件,如传动机构、驱动装置、导向定位装置、支撑连接和位置检测元件等。此外,还有与腕部或手臂的运动和连接支撑等有关的构件、配管配线等。

一、臂部的分类

臂部按运动和布局、驱动方式、传动和导向装置,可分为伸缩型臂部结构、转动伸缩型臂部结构、驱伸型臂部结构、其他专用的机械传动臂部结构等几类。

工业机器人关节运动

手臂回转和升降运动是通过机座的立柱实现的,立柱的横向移动即为手臂的横移。手臂的各种运动通常由驱动机构和各种传动机构来实现,因此,它不仅仅承受被抓取工件的重量,而且承受末端执行器、手腕和手臂自身的重量。手臂的结构、工作范围、灵活性、抓重大小(即臂力)和定位精度都直接影响机器人的工作性能。

臂部按手臂的结构形式,可分为单臂式臂部结构、双臂式臂部结构和悬挂式臂部结构等三类。如图2-19所示为手臂的三种结构形式。图2-19(a)、(b)所示的为单臂式臂部结构;图2-19(c)所示的为双臂式臂部结构;图2-19(d)所示的为悬挂式臂部结构。

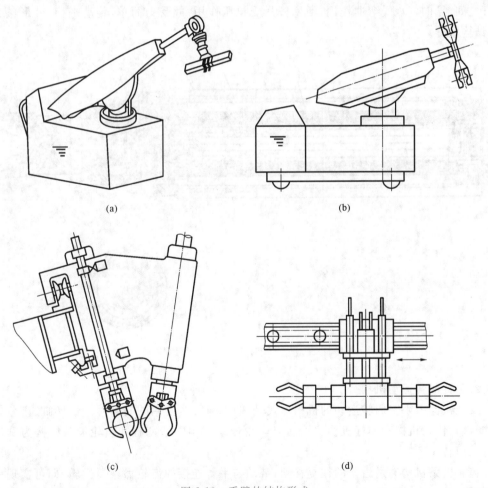

(a)　　　　　　　　　　　(b)

(c)　　　　　　　　　　　(d)

图 2-19　手臂的结构形式

　　臂部按手臂的运动形式,可分为直线运动型臂部结构、回转运动型臂部结构和复合运动型臂部结构等三类。

　　直线运动是指手臂的伸缩、升降及横向(或纵向)移动。回转运动是指手臂的左右回转,上下摆动(即俯仰)。复合运动是指直线运动和回转运动的组合,两直线运动的组合,两回转运动的组合。

二、手臂的运动机构介绍

1.手臂的直线运动机构

　　机器人手臂的伸缩、升降及横向(或纵向)移动均属于直线运动,而实现手臂往复直线运动的活塞连杆机构等运动机构的应用较多,常用的有活塞油(气)缸、活塞缸和齿轮齿条机构、丝杠螺母机构等。

　　直线往复运动可采用液压或气压驱动的活塞油(气)缸。由于活塞油(气)缸的体积小,质量轻,因而在机器人手臂结构中应用较多。图 2-20 所示为双导向杆手臂的伸缩结构。手臂和手腕通过连接板安装在升降油缸的上端,双作用油缸 1 的两腔分别通入压力油,推动活塞杆 2(即手臂)做往复直线移动。导向杆 3 在导向套 4 内移动,以防手臂伸缩时的转动(兼作手腕回转缸 6 及手部的夹紧油缸 7 用的输油管道)。由于手臂的伸缩油缸安装在两根导向杆之间,导向杆承受弯曲作用,活塞杆只受拉压作用,故受力简单,传动平稳,外形整齐美观,结构紧凑。

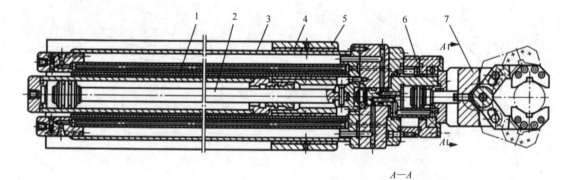

图 2-20　双导向杆手臂的伸缩结构

1—双作用油缸;2—活塞杆;3—导向杆;4—导向套;5—支承座;6—手腕回转缸;7—手部的夹紧油缸

2.手臂回转运动机构

　　实现机器人手臂回转运动的机构形式是多种多样的,常用的有叶片式回转缸、齿轮传动机构、链轮传动机构和连杆机构。下面以齿轮传动机构中活塞缸和齿轮齿条机构为例说明手臂的回转。

　　齿轮齿条机构通过齿条的往复移动,带动与手臂连接的齿轮做往复回转,即可实现手臂的回转运动。带动齿条往复移动的活塞缸可以由压力油或压缩气体驱动。图 2-21 所示为手臂做升降和回转运动的结构。活塞油缸两腔分别进压力油，推动齿条活塞 7 做往复移动，与齿条活塞 7 啮合的齿轮 4 即做往复回转。由于齿轮 4、手臂升降缸体 2、连接板 8 均用螺钉连接成一体，连接板又与手臂固连，从而实现手臂的回转运动。升降缸体的活塞杆通过连接盖 5 与机座 6 连接而固定不动，升降缸体 2 沿导向套 3 做上下移动，因升降油缸外部装有导向套，故刚度大，传动平稳。

立柱式搬运机器人

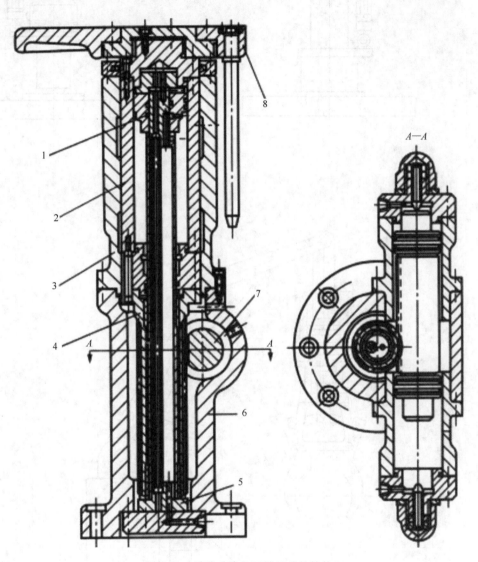

图 2-21 手臂升降和回转运动的结构

1—活塞杆；2—升降缸体；3—导向套；4—齿轮；

5—连接盖；6—机座；7—齿条活塞；8—连接板

3. 手臂俯仰运动机构

机器人手臂的俯仰运动一般采用活塞油（气）缸与连杆机构联用来实现。手臂的俯仰运动用的活塞缸位于手臂的下方，其活塞杆和手臂用铰链连接，缸体采用尾部耳环或中部销轴等方式与立柱连接，如图 2-22、图 2-23 所示。此外，还有采用无杆活塞缸驱动齿轮齿条或四连杆机构来实现手臂的俯仰运动。

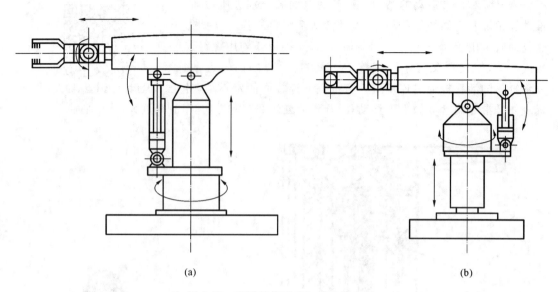

(a)   (b)

图 2-22   手臂俯仰驱动缸安置示意图

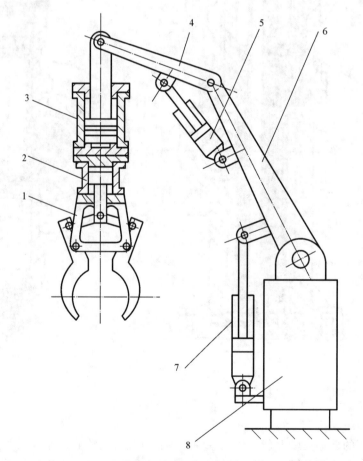

图 2-23   铰链连接活塞缸实现手臂俯仰运动结构示意图

1—手臂;2—夹置缸;3—升降缸;4—小臂;5,7—铰链连接活塞缸;6—大臂;8—立柱

任务四　工业机器人的机身结构

在讲述机器人机身结构之前,大家先来猜想一下机器人机身的位置以及作用。

任务说明

机器人的机身,是机器人的基础部分,起支承作用。下面我们来观察一下机身的结构。

活动步骤

(1) 教师通过多媒体展示工业机器人的常见机身结构组成图,并分析常见的机器人机身结构的作用及工作原理。

(2) 学生查阅与工业机器人机身结构组成有关的资料,并获得相应成果。

(3) 分组讨论、思考以下问题。

① 工业机器人机身分为哪几种?

② 不同类型的工业机器人机身的工作原理是什么?

③ 工业机器人机身与臂部的配置形式有哪几种?

任务知识

机器人的机身(或称立柱)是直接连接、支撑和传动手臂及行走机构的部件。实现臂部各种运动的驱动装置和传动件一般都安装在机身上。臂部的运动越多,机身的受力越复杂。它既可以是固定式的,也可以是行走式的,即在它的下部装有能行走的机构,可沿地面或架空轨道运行。对于固定式机器人,机身直接连接在地面基础上,对于移动式机器人,机身则安装在移动机构上。它由臂部运动(升降、平移、回转和俯仰)机构及有关的导向装置、支撑件等组成。由于机器人的运动方式、使用条件、载荷能力各不相同,所采用的驱动装置、传动机构、导向装置也不同,致使机身结构有很大差异。

一、机身的典型结构

机器人的机身结构一般由机器人总体设计确定。例如,圆柱坐标机器人把回转与升降这两个自由度归属于机身;球坐标机器人把回转与俯仰这两个自由度归属于机身;关节坐标机器人把回转自由度归属于机身;直角坐标机器人有时把升降(Z轴)或水平(X轴)移动自由度归属于机身。下面介绍两种典型结构机身,即回转与升降机身和回转与俯仰机身。

1. 回转与升降机身

回转与升降机身的特征如下。

(1) 油缸驱动,升降油缸在下,回转油缸在上。升降活塞杆的尺寸要大。

(2) 油缸驱动,回转油缸在下,升降油缸在上,回转油缸的驱动力矩要设计得大一些。

(3) 链轮传动机构,回转角度可大于360°。

如图 2-24 所示为链条链轮传动实现机身回转的原理图。图 2-24(a)所示为单杆活塞气缸驱动链条链轮传动机构,图 2-24(b)所示为双杆活塞气缸驱动链条链轮传动机构。

2. 回转与俯仰机身

机器人手臂的俯仰运动,一般采用活塞油(气)缸与连杆机构来实现。手臂俯仰运动用的活塞缸位于手臂的下方,其活塞杆和手臂用铰链连接,缸体采用尾部耳环或中部销轴等方式与立柱连接,如图 2-25 所示。此外,还有采用无杆活塞缸驱动齿条齿轮或四连杆机构实现手臂的俯仰运动的。

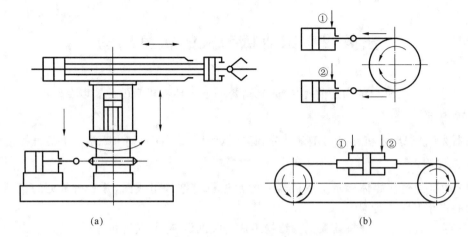

图 2-24　链条链轮传动实现机身回转的原理图
(a)单杆活塞气缸驱动链条链轮传动机构　(b)双杆活塞气缸驱动链条链轮传动机构

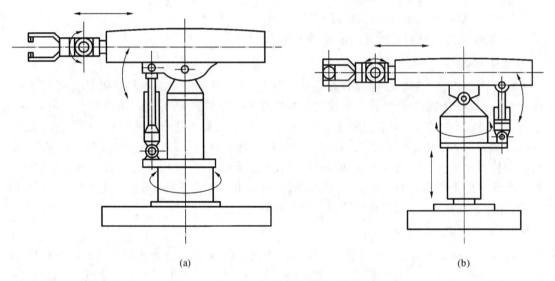

图 2-25　回转与俯仰机身

二、机身设计要注意的问题

机身和臂部的工作性能的优劣对机器人的载荷能力和运动精度影响很大,设计时应注意以下问题。

1.刚度

刚度是指机身或臂部在外力作用下抵抗变形的能力。用外力和在外力方向上的变形量(位移)之比来度量,变形越小,刚度越大。在有些情况下,刚度比强度更重要。

(1)根据受力情况,合理选择截面形状或轮廓尺寸。机身和臂部既受弯矩,又受扭矩,其截面应选用抗弯和抗扭刚度较大的截面形状。一般采用具有封闭空心截面的构件。这不仅利于提高结构刚度,而且空心内部还可以安装驱动装置、传动机构和管线等,使整体结构紧凑,外形美观。

(2)提高支承刚度和接触刚度。支撑刚度主要取决于支座的结构形状。接触刚度主要取决于配合表面的加工精度和表面粗糙度。

（3）合理布置作用力的位置和方向。尽量使各作用力引起的变形互相抵消。

2. 精度

机器人的精度最终表现在手部的位置精度上，影响精度的因素包括各部件的刚度、部件的制造和装配精度、定位和连接方式，尤其是导向装置的精度和刚度对机器人的位置精度影响很大。

3. 平稳性

机身和臂部质量大，载荷大，速度高，易引起冲击和振动，必要时应有缓冲装置吸收能量。从减少能量的产生方面应注意如下问题。

（1）运动部件应紧凑、质量轻，转动惯量小，以减小惯性力。

（2）必须注意各运动部件重心的分布。

4. 其他

（1）传动系统应尽量简短，以提高传动精度和效率。

（2）各部件布置要合理，操作维护要方便。

（3）特殊情况特殊考虑，在高温环境中应考虑热辐射的影响；腐蚀性环境中应考虑防腐问题；危险环境应考虑防爆问题。

三、机身与臂部的配置形式

机身和臂部的配置形式基本上反映了机器人的总体布局。机器人的运动要求、工作对象、作业环境和场地等因素的不同，适用不同的配置形式。目前常用的有横梁式、立柱式、机座式、屈伸式等几种。

1. 横梁式

机身设计成横梁式，用于悬挂手臂部件，这类机器人的运动形式大多为移动式的。它具有占地面积小，能有效利用空间，直观等优点。横梁可设计成固定的或行走的，一般横梁安装在厂房原有建筑的柱梁或有关设备上，也可从地面架设。如图 2-26 所示为横梁式机身。

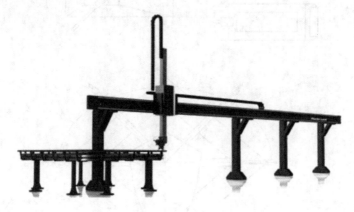

图 2-26　横梁式机身

2. 立柱式

立柱式机器人多采用回转型、俯仰型或屈伸型的运动形式，是一种常见的配置形式。一般臂部都可在水平面内回转，具有占地面积小，工作范围大的特点。立柱可固定安装在空地上，也可以固定在床身上。立柱式结构简单，服务于某种主机，承担上、下料或转运等工作。图 2-27 所示为立柱式机身。

图 2-27　立柱式机身

3. 机座式

机身设计成机座式,这种机器人可以是独立的、自成系统的完整装置,可以随意安放和搬动。也可以具有行走机构,如沿地面上的专用轨道移动,以扩大其活动范围。各种运动形式的机身均可设计成机座式的,如图 2-28 所示。

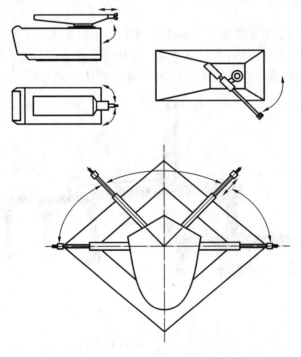

图 2-28　机座式机身

4. 屈伸式

屈伸式机器人的臂部由大小臂组成,大小臂间有相对运动,称为屈伸臂。屈伸臂与机身间的配置形式关系到机器人的运动轨迹,可以实现平面运动,也可以实现空间运动,如图 2-29 所示。

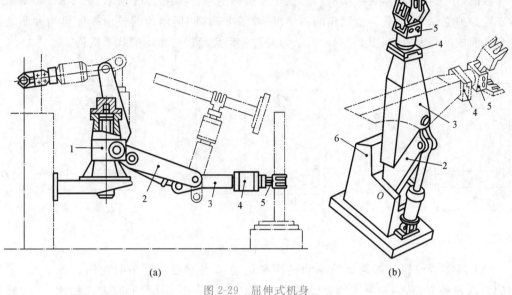

(a) (b)

图 2-29　屈伸式机身

（a）平面屈伸式　（b）空间屈伸式

1—立柱；2—大臂；3—小臂；4—腕部；5—手部；6—机身

四、机器人行走机构的基本形式和特点

行走机构是行走机器人的重要执行部件，它由驱动装置、传动机构、位置检测元件、传感器、电缆及管路等组成。它一方面支承机器人的机身、臂和手部，另一方面还根据工作任务的要求，带动机器人实现在空间内的运动。

行走机构按其行走运动轨迹，可分为固定轨迹式和无固定轨迹式等两种。

1. 固定轨迹式行走机构

固定轨迹式行走机构主要用于工业机器人。在移动过程中，由丝杠螺母驱动，整个机器人沿丝杠纵向移动。也可采用类似起重机梁行走方式，主要用在作业区域大的场合，例如，大型设备装配，立体化仓库中的材料搬运、材料堆垛和储运及大面积喷涂等。

2. 无固定轨迹式行走机构

无固定轨迹式行走机构按其结构特点，可分为轮式、履带式和步行式等几类。它们在行走过程中，前二者与地面为连续接触，后者为间断接触。前二者的形态为运行车式，后者则为类人的腿脚式。运行车式行走机构用得比较多，多用于野外作业，比较成熟；步行式行走机构正在发展和完善中。

1）行走机构的特点

行走机构一般具备以下几个特点。

① 可以移动；

② 自行重新定位（可用计算机视觉系统定位）；

③ 自身要平衡；

④ 有足够的强度和刚度。

2）典型的行走机构

（1）具有三组轮　如图 2-30 所示为由三组轮组成的行走机器人。

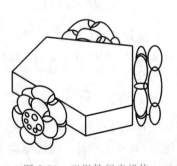

图 2-30　三组轮行走机构

目前,作为移动机器人移动机构的三轮车机构的原理如图 2-31 所示。图 2-31(a)所示为后二轮为独立驱动,前轮为辅助轮的移动机构;图 2-31(b)所示为前轮由操舵机构和驱动机构合并而成的移动机构;图 2-31(c)所示为通过差动齿轮进行驱动的移动机构。

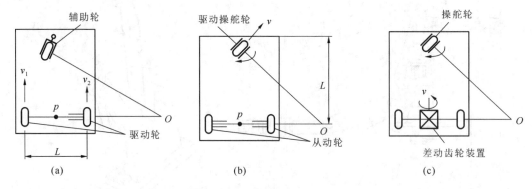

图 2-31 三轮车机构的原理图

(2)具有四组轮 四轮车的驱动机构和运动基本上与三轮车的相同。图 2-32(a)所示的为两轮独立驱动,前后带有辅助轮的方式。与图 2-31(a)所示的方式相比,当旋转半径为 0 时,能绕车体中心旋转,因此有利于在狭窄场所改变方向。图 2-32(b)所示为汽车方式,适合于高速行走,但用于低速的运输搬运时,成本较高,所以小型机器人一般不采用。

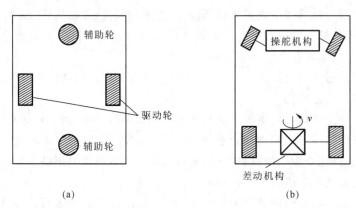

图 2-32 四轮车的驱动机构和运动

随着科技的发展,目前还有两足步行式机器人,四足、六足步行式机器人,全方位移动机器人,履带式行走机器人及其他行走机器人等。

项目拓展与提高

通过本项目的学习,我们知道了机器人的机械系统基本组成,下面以华数机器人有限公司研制的 HSR-JR612 型六轴机器人为例,全面认识一下一个完整的机器人的各个组成部分及参数。

一、HSR-JR612 型六轴机器人基本结构

HSR-JR612 六轴机器人机械本体由底座部分、大臂、小臂、手腕部分和本体管线包部分组成,共有 6 个马达可以驱动 6 个关节的运动实现不同的运动形式。图 2-33标示了机器人各个组成部分及各运动关节的名称。

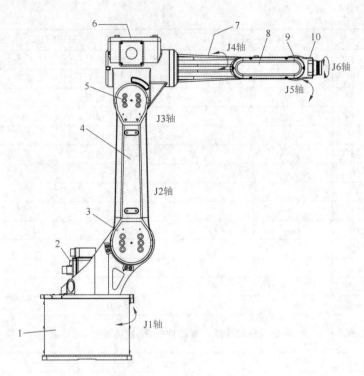

图 2-33　机器人机械系统组成

1—底座部分;2—电动机 1;3—电动机 2;4—大臂;5—电动机 3;
6—电动机 4;7—小臂;8—电动机 5;9—电动机 6;10—手腕部分

二、HSR-JR612 机器人参数

1. HSR-JR612 机器人性能参数

(1) 机器人性能参数如表 2-1 所示。

表 2-1　机器人性能参数

产品型号	HSR-JR612-C10	HSR-JR612-C20
自由度	6	
大负载	12 kg	
大运动半径	1555 mm	
重复定位精度	±0.06 mm	
运动范围	J1	±170°	±170°
	J2	−75°/+170°	−170°/+75°
	J3	−85°/+140°	+40°/+265°
	J4	±180°	±180°
	J5	±108°	±108°
	J6	±360°	±360°

产品型号		HSR-JR612-C10	HSR-JR612-C20
额定速度	J1	148°/s,2.58 rad/s	
	J2	148°/s,2.58 rad/s	
	J3	148°/s,2.58 rad/s	
	J4	360°/s,6.28 rad/s	
	J5	225°/s,3.93 rad/s	
	J6	360°/s,6.28 rad/s	
容许惯性矩	J6	0.17kg·m²	
	J5	1.2kg·m²	
	J4	1.2kg·m²	
容许扭矩	J6	15N·m	
	J5	35N·m	
	J4	35N·m	
适用环境	温度	0～45°	
	湿度	20%～80%	
	其他	避免与易燃易爆或腐蚀性气体、液体接触,远离电子噪声源(等离子)	
防护等级		IP54	
安装方式		地面安装	
本体质量		196 kg	

（2）机器人的作业范围如图 2-34 所示。

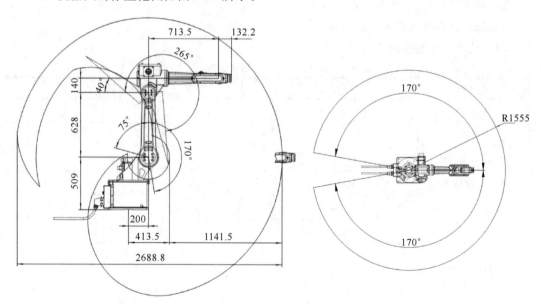

图 2-34　机器人的作业范围

2. 安装尺寸

1）机器人的底座固定安装尺寸

机器人的固定安装采用 4 个 M16 的螺钉将底座固定在安装台架上,尺寸关系如图 2-35 所示。

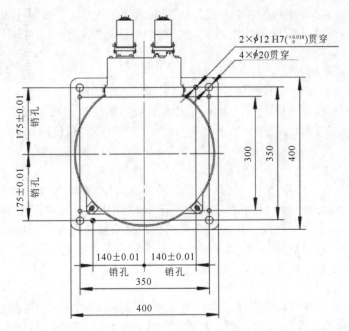

图 2-35　机器人底座固定安装尺寸

2）末端执行器安装尺寸

末端执行器安装尺寸如图 2-36 所示。

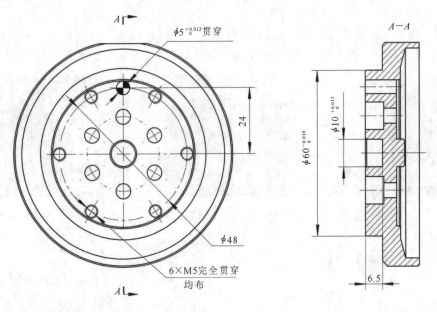

图 2-36　末端法兰安装尺寸

三、华数六轴机器人应用

由于六轴机器人的通用性较强,理论上的空间任何工作都能完成,所以六轴机器人在自动化生产过程中应用十分广泛。目前常用的自动化案例大致如下几类。

焊接机器人

1.冲压自动化领域

冲压生产线,特别是大型冲压生产线上,这一般指 1000 t 以上压力机组成的工序,六轴

53

机器人可节省大量人工,并提高效率。机器人末端通常采用端拾器拾取冲压件,经过一条自动化生产线,就可自动完成工件的冲压任务。

高速分拣机器人

2. 热锻自动化案例

热锻压车间工作环境非常恶劣,人工成本较高,尤其是夏天,越来越少的人愿意从事该工作。六轴机器人组成的热锻生产线需要以下零部件:① 耐高温夹具(通常 900℃ 左右);② 自动上料到中频炉(上料自动)的机构;③ 自动喷墨装置(喷脱模剂);④机器人高等级防护,防粉末等。图 2-37 所示是喷涂机器人。

3. 机加工自动化案例

上下料机器人在工业生产中一般是为机床服务的,如图 2-38 所示。数控机床的加工时间包括切削时间和辅助时间。上下料机器人的上料精度达到一定的要求,就可以缩减数控机床对刀时间,从减少切削时间。机床上下料需要较高精度和自由度,目前运用较为广泛的是六轴机器人组成的机械加工自动化单元。特别是它与数控机床可组成无人车间,降低了人力成本,也提高了加工效率。

4. 焊接自动化案例

如图 2-39 所示是机器人在焊接。焊接是技术质量要求高的工作,同时对工人技术要求也较高。点焊和弧焊均需熟练的技术工人才能完成,人力成本较高。特别在汽车领域,目前基本实现用六轴机器人替代人工焊接工作,整体提高了汽车工业的行业水平。

5. 打磨抛光自动化案例

打磨和抛光不仅对工人的技术水平要求较高,而且其工作环境较为恶劣。六轴机器人完全可以替代人工,这不仅降低了人员暴露于恶劣环境下的危害,而且形成了高度一致性的产品质量。由于工艺要求较高,目前六轴机器人在这领域正逐渐完善其自动化升级过程。

另个,还有其他用途机器人,如六轴喷釉机器人(见图 2-40),涂胶机器人(见图 2-41)。

图 2-37 喷涂机器人

图 2-38 机床上下料机器人

图 2-39 焊接机器人

图 2-40 六轴喷釉机器人

图 2-41 涂胶机器人

实训项目二 认识 HSR-JR650L 机器人

实训目的

(1) 认识 HSR-JR650L 机器人的机械结构组成和各部分的作用。

(2) 了解并掌握 HSR-JR650L 机器人的工作空间、末端法兰连接尺寸图。

(3) 识别 HSR-JR650L 机器人的手部(末端操作器)、手腕、手臂、机身、机座部件。

(4) 掌握主要技术参数。

实训设备

HSR-JR650L 机器人一套。

实训课时

4 课时。

实训内容

(1) 识别 HSR-JR650L 机器人的手部(末端操作器)、手腕、手臂、机身、机座部件。

(2) 认识 HSR-JR650L 工作空间范围。

(3) 认识 HSR-JR650L 机器人的末端执行器尺寸。

(4) 学习 HSR-JR650L 主要技术参数。

如图 2-42 所示是华中数控 HSR-JR650L 六轴机器人的模型图,图 2-43 所示是它的工作空间范围示意图,图 2-44 是它的末端法兰连接尺寸示意图,表 2-2 所示为它的主要技术参数,请根据前面所学知识指出 HSR-JR650L 机器人的手部、手腕、手臂、机身及机座部位及部分参数。

图 2-42 HSR-JR650L

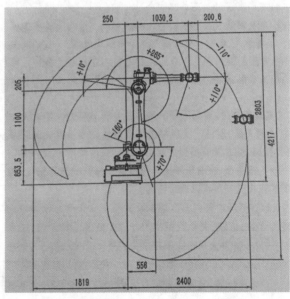

图 2-43 工作范围

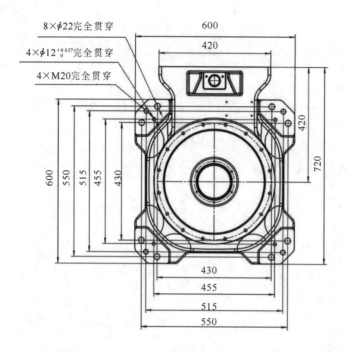

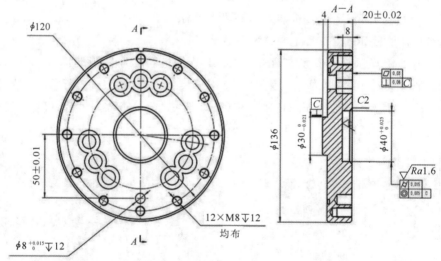

图 2-44　末端法兰连接尺寸图

表 2-2　HSR-JR650L 主要技术参数

产品型号		HSR-JR650L
功能		搬运、上下料、码垛、切割
轴数		6
有效载荷		50 kg
重复定位精度		±0.08 mm
额定速度	J1	85°/s,1.48 rad/s
	J2	85°/s,1.48 rad/s
	J3	104°/s,1.81 rad/s
	J4	177°/s,3.08 rad/s
	J5	155°/s,2.7 rad/s
	J6	187°/s,3.26 rad/s

产品型号		HSR-JR650L
最大运动范围	J1	±180°
	J2	−160°/70°
	J3	+10°/265°
	J4	±360°
	J5	±110°
	J6	±360°
周围温度		(0~45)℃
安装方式		地面安装
本体质量		747 kg

实训项目三　工业机器人软限位设定及零点校准

实训目的

(1) 认识 HSR-JR612 六轴机器人关节轴零点。

(2) 了解 HSR-JR612 六轴机器人各关节轴运动范围。

(3) 能根据实际需求设定工业机器人软限位。

(4) 能对工业机器人进行零点校准。

实训设备

HSR-JR612 六轴机器人实训平台一套。

实训课时

4 课时。

实训内容

(1) 识别并查找 HSR-JR612 六轴机器人机械本体各关节轴零刻度。

(2) 认识 HSR-JR612 六轴机器人机械本体各关节轴运动范围。

(3) 对 HSR-JR612 六轴机器人各轴进行软限位设定。

(4) 对 HSR-JR612 六轴机器人进行零点校准。

注意事项

(1) 通过操作面板和示教器操作机器人,勿触碰机器人本体及电器柜内部。

(2) 开机后查看示教器或机器人其他结构时,按下急停开关,以防机器人误动作。

(3) 连续运动模式下,倍率值不能超过 20%。

(4) 操作机器人时,仔细预估机器人的轨迹再操作,以免发生误操作导致机器人损坏或造成人身伤害。

(5) 机器人零点校准操作先回 4~6 轴再回 1~3 轴。

(6) 进行手动操作时,尽量远离机器人。

(7) 华数机器人的零点在出厂前已经进行了标定,如果没有发生严重碰撞等导致零点位置发生改变的话,不建议对零点进行校准工作。

(8) 当遇到下面几种情况时必须重新校零。

① 更换本体内码盘电池或码盘供电线路有过断开,驱动器因为码盘圈数丢失报警。

② 拆装更换电机、减速机、机械传动部件后。

③ 机器人的机械部分因为撞击导致脉冲记数不能指示轴的角度。

④ 其他需要校零的时候。

实训步骤

（1）查看机械本体各关节轴零刻度位置，如图 2-45 所示（1 轴零刻度线）。

图 2-45　查看关节轴零刻度位置

（2）在关节坐标系下手动操作机器人各轴并查看正负限位值。

在示教器中查找正负限位值的位置，并将各轴的限位值记录在表 2-2 中。

表 2-2　各轴的正负限位值

轴号	J1	J2	J3	J4	J5	J6
正限位						
负限位						

（3）软限位设置。

软限位设置同样需要 SUPER 权限，在菜单中，点击"投入运行"→"软件限位开关"，弹出如图 2-46 所示界面。

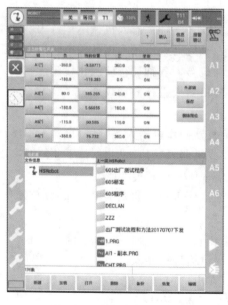

图 2-46　软限位设置界面

可以看出，软限位的数据是针对轴坐标系而言的。点击任意一行，可以设置对应轴的软限位数据，如图 2-47 所示。

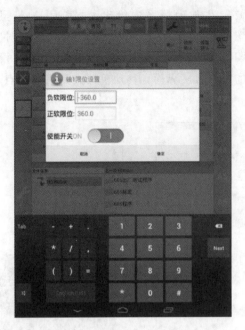

图 2-47　轴 1 限位设置

　　设置完所有轴限位信息后,点击右侧"保存"按钮,如图 2-48 所示,保存成功后软限位信息立即生效。

图 2-48　软限位设置成功

　　使能开关的作用:设置限位是否生效,如果使能开关关闭,则限位不生效,因此,需要在进行设置后,启用使能开关,否则限位不生效。

　　(4) 零点校准操作。

　　机器人零点是机器人操作模型的初始位置。如果零点位置不正确,机器人将不能正确运动。将电动机的位置(码盘值)设定为零点位置码盘值的过程就是校零。当机器人因故障丢失零点位置时,需要对机器人进行重新校零。

华数机器人的原点位置在轴坐标系中给出,对于 PUMA 机器人(如 HSR-JR 650、HSR-JR 612),其原点位置为{0,90,180,0,90,0},从左到右依次对应 A1 到 A6 的角度。

切换用户组为 SUPER,密码为"hspad"。按下菜单键,点击"投入运行"→"调整"→"校准",出现如图 2-49 所示的"轴校准"界面。移动机器人到机械零点,观察各轴零点标识线是否对齐,如图 2-50 所示。

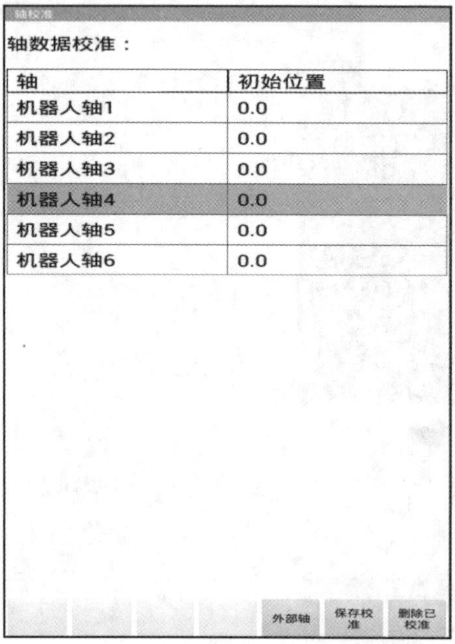

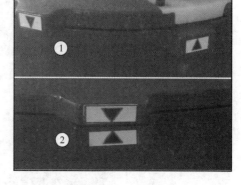

图 2-49　轴校准

图 2-50　零位标识

各轴运动到机械原点后,点击列表中的各个选项,弹出输入框,输入正确的数据,点击"确定"。各轴数据输入完毕后,点击"保存校准",校准轴坐标成功,如图 2-51 所示。重启示教器,可以查看数据是否保存成功。

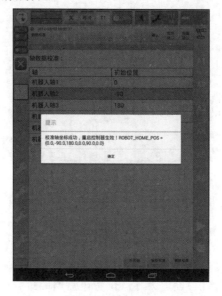

图 2-51　校准成功

同样的方法可以对外部轴进行校准,点击如图 2-49 所示中的"外部轴"即可切换为外部轴校准。

根据以上的零点校准操作,填写表 2-3。

表 2-3 校准参数的选择

运行模式选择		工具坐标系选择	
手动速度倍率		基坐标系选择	
增量/持续设置		手动操作坐标系选择	

思考与回答

(1) 为什么 J1~J6 每个轴正负限位值不同?

(2) 决定轴运动范围的物理因素有哪些?

(3) 软限位设定的意义?

(4) 简述零点校准注意事项。

(5) 零点校准的意义?

项 目 小 结

本项目主要讲述了机器人机械部分构成及工作原理。通过本项目的学习,学生要掌握工业机器人机械部分的四大构成:手部、手腕、手臂、机身,理解各构成要件的组成及工作原理。

思考与练习

一、填空题

1.工业机器人的机械部分主要由_____、_____、_____、_____四部分构成。

2.机器人的手部不仅是一个_____的机构,而且还具有_____的功能,这就是我们通常所说的"触觉"。

3.机器人的手一般由方形的_____和节状的_____组成。为了使机器人手具有触觉,在手掌和手指上都装有_____元件,当手指触及物体时,触敏元件发出接触信号,否则就不发出信号。

4.夹持式取料手分为_____、_____和弹簧式三种。夹钳式取料手一般由手指、_____、_____和支架组成。

5.钩拖式取料手主要是利用_____对工件钩、拖、捧等动作来拖持工件的。它适用于搬运工作,尤其对大型笨重的工件或结构粗大而质量较轻且易变形的工件更有利。

6.吸附式取料手是靠_____取料的,根据吸附力的不同分为_____和_____两种。吸附式取料手适用于_____(单面接触无法抓取)、_____(玻璃、磁盘)、_____微小(不易抓取)的物体。

7.机器人手爪和手腕最完美的形式是模仿人手的_____。它有多个手指,每个手指有_____个回转关节,每一个关节的自由度都是_____。几乎人手指能完成的_____它都能模仿,像拧螺钉、弹钢琴、做礼仪手势等动作。

8.机器人的手腕是连接_____与_____的部件,它的主要作用是调节或改变工件的_____。

9.手腕按自由度数目,可分为 _____ 度手腕、_____ 度手腕和 _____ 自由度手腕。

10.机器人的机身是由 _____（升降、平移、回转和俯仰）机构及有关的导向装置等组成。

二、选择题

1.夹持式手分为三种,分别是( )。
　① 夹钳式;② 气吸附;③ 弹簧式;④钩拖式;⑤磁吸附
　A.①②③　　　　　B.①③④　　　　　C.③④⑤　　　　　D.①④⑤

2.3 自由度手腕的形式有( )。
　① BBR 手腕;② BRR 手腕;③ RRR 手腕;④BBB 手腕;⑤BRB 手腕;⑥RBR 手腕
　A.①②③　　　　　B.①②③④　　　　C.②③④　　　　　D.①④⑤

3.手爪的主要功能是抓住工件、握持工件和( )工件。
　A.固定　　　　　B.定位　　　　　C.释放　　　　　D.触摸

4.RRR 型手腕是( )自由度手腕。
　A.1　　　　　　　B.2　　　　　　　C.3　　　　　　　D.4

5.工作范围是指机器人( )或手部中心所能到达的点的集合。
　A.机械手　　　　B.手臂末端　　　　C.手臂　　　　　D.行走部分

6.气吸附式取料手要求工件表面( )、干燥清洁,同时气密性好。
　A.粗糙　　　　　B.凹凸不平　　　　C.平缓突起　　　　D.平整光滑

三、判断题

1.机器人手臂是连接机身和手腕的部分。它是执行机构中的主要运动部件,主要用于改变手腕和末端执行器的空间位置,满足机器人的作业空间,并将各种载荷传递到机座上。　　　　　　　　　　　　　　　　　　　　　　　　　　　( )

2.机器人的腕部是直接连接、支撑和传动手臂及行走机构的部件。　　　　( )

3.磁力吸盘能够吸住所有金属材料制成的工件。　　　　　　　　　　　( )

四、简答题

1.夹持式取料手由哪些部分组成?各部分的作用是什么?

2.吸附式取料手由哪些部分组成?各部分的作用是什么?

3.机器人的手臂有哪几种分类方式?简述每种分类方式的类型。

4.常见的机器人的机身有哪几种?

项目三　工业机器人的传感技术

通过项目二的学习,我们了解了工业机器人的机械部分的构成,那么机器人与普通机器相比较,其优越性在哪里呢?通过项目一的学习,我们知道要想让机器模仿人进行工作,实现机器人的功能,机器人就必须加上人的某些智能,让它具有人的某些特性,才能称得上机器人。本项目主要研究机器人的智能处理功能。

项目目标要求

知识目标
- 了解工业机器人传感器的分类。
- 掌握各种传感器的组成、功能及应用。

能力目标
- 能够识别工业机器人的各种传感器。
- 能够分析理解各种传感器的工作原理。

情感目标
- 培养学生对机器人智能化研究的兴趣,培养学生关心科技、热爱科学、勇于探索的精神。

任务一　工业机器人传感器的分类及要求

研究机器人,首先从模仿人开始,人是通过感官接收外界信息的。这些信息通过神经传递给大脑,大脑对这些分散的信息进行加工、综合后发出行为指令,通过肌体执行某些动作。通过前边的学习我们已经知道,机器人的计算中心相当于人的大脑,执行机构相当于人的四肢,传感器相当于人的五官。其中,传感器处于连接外界环境与机器人的接口位置,是机器人获取信息的窗口。

任务说明

要使机器人拥有智能,对环境变化做出反应,要做到以下两点:首先,必须使机器人具有感知环境的能力,用传感器采集环境信息是机器人智能化的第一步;其次,如何采用适当的方法,将多个传感器获取的环境信息加以综合处理,控制机器人进行智能作业,更是机器人智能化的重要体现。所以,传感器及其信息处理系统相辅相成,构成了机器人的智能功能,为机器人智能作业提供了基础。下面我们先了解一下工业机器人的感觉系统。

活动步骤

(1)教师通过多媒体展示工业机器人的各种传感系统,讲述工业机器人传感系统的分类及要求。

（2）学生查阅与工业机器人传感系统有关的资料。

（3）分组讨论并思考以下问题。

① 工业机器人传感系统的主要作用是什么？

② 工业机器人传感系统由哪些部分组成？

任务知识

机器人传感器主要包括机器人视觉、力觉、触觉、接近觉、姿态觉、位置觉等传感器。与大量使用的工业检测传感器相比，机器人传感器对传感信息的种类和智能化的要求更高。

传感器概述

一、工业机器人传感器的分类

工业机器人所要完成的任务不同，其配置的传感器类型和规格也不相同。传感器一般分为内部信息传感器和外部信息传感器等两类，具体如图 3-1 所示。

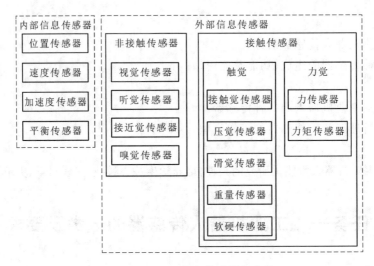

图 3-1　工业机器人传感器的分类

1. 内部信息传感器

内部信息传感器主要用来采集机器人本体、关节和手爪的位移、速度、加速度等来自机器人内部的信息。

2. 外部信息传感器

外部信息传感器用来采集机器人和外部环境以及工作对象之间相互作用的信息。

二、工业机器人传感器的要求

工业机器人传感器的一般要求如下。

1. 精度高、重复性好

机器人传感器的精度直接影响机器人的工作质量。用于检测和控制机器人运动的传感器是控制机器人定位精度的基础。机器人是否能够准确无误地正常工作，往往取决于传感器的测量精度。

2. 稳定性好、可靠性高

机器人传感器的稳定性和可靠性，是保证机器人能够长期稳定可靠地工作的必要条件。

3.抗干扰能力强

机器人传感器的工作环境一般比较恶劣,所以机器人传感器应当能承受电磁干扰,并能够在一定的高温、高压、高污染环境中正常工作。

4.质量轻、体积小、安装方便可靠

对于安装在机器人手臂等运动部件上的传感器,质量要轻,否则会加大运动部件的惯性、影响机器人的运动性能。对于工作空间受到某种限制的机器人,其传感器体积和安装方向都有严格的要求。

5.价格低

传感器的价格直接影响到机器人的生产成本,传感器价格低可降低机器人的生产成本。

另外,对工业机器人传感器还有以下要求:适应加工任务要求,满足机器人控制要求,满足安全性要求及其他辅助性要求。

现代工业中,机器人用于执行各种加工任务,如物料搬运、装配、喷漆、焊接、检测等。不同的任务对机器人提出了不同的要求,例如:搬运任务的位置(力、触觉、视觉)要求;装配任务的位置(力、触觉、视觉)要求;喷漆任务的位置检测、对象识别要求;焊接任务的位置(点焊接近觉、弧焊视觉)要求。

任务二 工业机器人的视觉

人类一系列的基本活动,如工作、学习,必须依靠自身的大脑、肢体、眼睛等器官来完成,工业机器人也不例外,要完成正常的生产任务,没有一套完善的、先进的视觉系统是很难想象的。

任务说明

工业机器人的视觉是使机器人具有视觉感知功能的系统。机器人的视觉系统通过图像和距离等传感器来获取环境对象的图像、颜色和距离等信息,然后传递给图像处理器,利用计算机从二维图像中理解和构造出三维世界的真实模型。它可以通过视觉传感器获取环境的二维图像,并通过视觉处理器进行分析和解释,进而转换为符号,让机器人能够辨识物体,并确定位置。

活动步骤

(1)教师通过多媒体展示工业机器人的视觉系统的硬件组成,讲述其工作原理及应用。

(2)学生查阅与工业机器人视觉组成有关的资料。

(3)分组讨论并思考以下问题。

① 工业机器人视觉系统在工作中主要作用是什么?

② 工业机器人视觉系统由哪些部分组成?

③ 工业机器视觉系统各部分的工作原理是什么?

任务知识

一、视觉系统的硬件组成

工业机器人的视觉处理过程包括图像输入(获取)、图像处理和图像输出等几个阶段(见图 3-2),各处理过程中涉及的主要硬件如下。

1.视觉传感器

视觉传感器是将景物的光信号转换成电信号的器件。过去经常使用光导摄像等电视摄

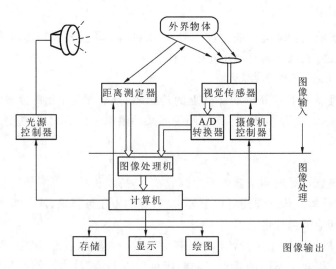

图 3-2　视觉系统的硬件组成

像机作为机器人的视觉传感器,近年来开发出由 CCD 和 MOS(金属氧化物半导体)器件等组成的固体视觉传感器。固体传感器又可以分为一维线性传感器和二维线性传感器等两类,目前二维线性传感器的分辨率已经能做到 4000 像素以上。由于固体视觉传感器具有体积小、质量轻等优点,因此应用日趋广泛。

由视觉传感器得到的电信号,经过 A/D 转换器转换成数字信号,称为数字图像。一般地,一个画面可以分成 256 像素×256 像素、512 像素×512 像素或 1024 像素×1024 像素,像素的灰度可以用 4 位或 8 位二进制数来表示。一般情况下,这么大的信息量对机器人系统来说是足够的。要求比较高的场合,还可以通过彩色摄像系统或在黑白摄像管前面加上红、绿、蓝等滤光器得到颜色信息和较好的反差。

2.摄像机和光源控制

机器人的视觉系统直接把景物转化成图像输入信号,因此取景部分应当能根据具体情况自动调节光圈的焦点,以便得到一张容易处理的图像。为此应能调节以下几个参量。

(1)焦点能自动对准要观测的物体。

(2)根据光线强弱自动调节光圈。

(3)自动转动摄像机,使被摄物体位于视野中央。

(4)根据目标物体的颜色选择滤光器。

此外,还应当调节光源的方向和强度,使目标物体能够看得更清楚。

3.计算机

由视觉传感器得到的图像信息要由计算机存储和处理,根据各种目的输出处理后的结果。除了通过显示器显示图形之外,还可以用打印机或绘图仪输出图像,且使用转换精度为 8 位的 A/D 转换器就可以了。但由于数据量大,要求转换速度快,目前已在使用 100 MB 以上的 8 位 A/D 转换芯片。

4.图像处理机

一般计算机都是串行运算的,要处理二维图像很费时间。在要求较高的场合,可以设置一种专用的图像处理机,以缩短计算时间。图像处理只是对图像数据做一些简单、重复的预处理,数据进入计算机后,还要进行各种运算。

二、机器人视觉的应用

1.在焊接过程中的应用

视觉传感器具有灵敏度高、动态响应特性好、信息量大、抗电磁干扰、与工件无接触等特点，能抵抗焊接过程产生的弧光、电弧热、烟雾以及飞溅等强烈干扰，已逐步应用于焊接机器人视觉系统中。焊接机器人包括点焊机器人和弧焊机器人等两类。这两类机器人都需要用位置传感器和速度传感器进行控制。位置传感器主要采用光电式增码盘，速度传感器主要采用测速发电机。为了检测点焊机器人与待焊工件的接近情况，控制点焊机器人的运动速度，点焊机器人还需要装备接近觉传感器。弧焊机器人对传感器要求比较特殊，需要采用传感器来控制焊枪沿焊缝自动定位，并自动跟踪焊缝。如图 3-3 所示为具有视觉焊缝对中功能的弧焊机器人的系统结构。图像传感器(摄像机)直接安装在机器人末端执行器中。焊接过程中，图像传感器对焊缝进行扫描检测，获得焊前区焊缝的截面参数曲线，计算机根据该截面参数计算出末端执行器相对焊缝中心线的偏移量 Δ，然后发出位移修正指令，调整末端执行器的位置，直到偏移量 Δ＝0 为止。弧焊机器人装上视觉系统后，给编程带来了方便，编程只需严格按图样进行即可完成。在焊接过程中产生的焊缝变形、传动系统的误差均可由视觉系统自动检测并加以补偿。汽车工业使用的机器人大约一半用于焊接作业。机器人焊接比手工焊接可保证焊接质量的一致性。但机器人焊接的关键问题是要保证被焊接工件位置的精确性。

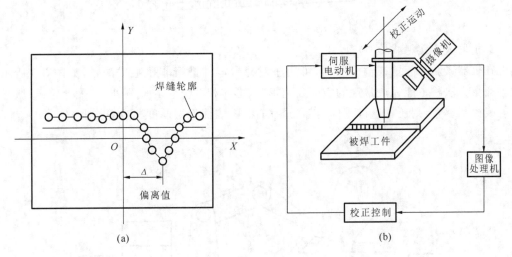

图 3-3　弧焊过程中焊枪对焊缝的对中

2.装配作业中的应用

装配机器人要求视觉系统：能识别传送带上所要装配的机械零件，并确定该零件的空间位置，据此信息控制机械手的动作，做到准确装配；对机械零件的检查；测量工件的极限尺寸。

图 3-4 所示为一个吸尘器自动装配实验系统，该系统由 2 台关节机器人和 7 个图像传感器组成。吸尘器部件包括底盘、气泵和过滤器等，都自由堆放在右侧备料区，该区上方装配 3 个图像传感器(α、β、γ)，用来分辨物料的种类和方位。机器人的前部为装配区，这里有 4 个图像传感器 A、B、C 和 D，用来对装配过程进行监控。使用这套系统装配一台吸尘器只需 2 min。

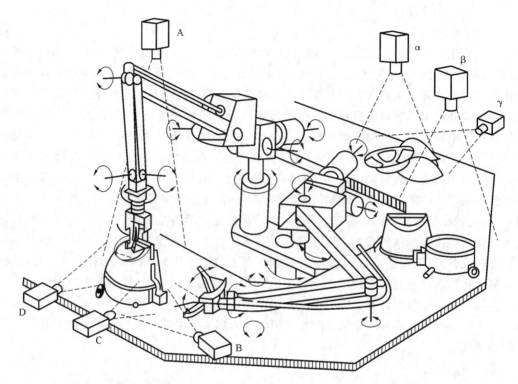

图 3-4　吸尘器自动装配实验系统

3. 机器人非接触式检测

在机器人腕部配置视觉传感器,可用于对异形零件进行非接触式测量,如图 3-5 所示。这种测量方法除了能完成常规的空间几何形状、形体相对位置的检测外,如配上超声、激光、X 射线探测装置,则还可进行零件内部的缺陷探伤、表面涂层厚度测量等作业。

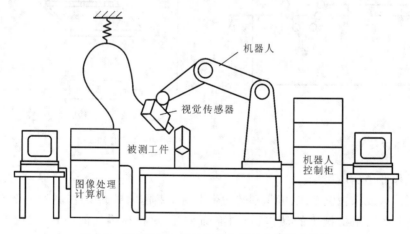

图 3-5　具有视觉系统的机器人进行非接触式测量

4. 管内作业机器人

管内作业机器人是一种可在管道内壁行走的机构,可携带多种传感器及操作装置,实现管道焊接、防腐喷涂、壁厚测量、管道的无损检测、获取管道的内部状况及定位等。

如图 3-6 所示为管内 X 射线探伤机器人的结构示意图。

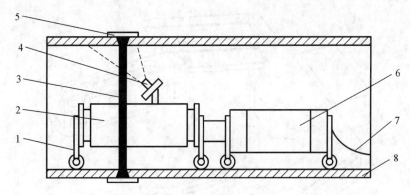

图 3-6　管内 X 射线探伤机器人的结构示意图

1—支撑及调整装置;2—X 射线机;3—焊缝;4—光源及面阵 CCD;5—感光胶片;6—控制及驱动装置;7—电缆;8—管壁

任务三　工业机器人的触觉

为使机器人准确地完成工作,需时刻检测机器人与对象物体的配合关系,这就需要机器人的触觉发挥作用了。下面我们来看一下工业机器人的触觉有哪几种。

任务说明

工业机器人的触觉功能是感受接触、冲击、压迫等机械刺激,触觉可以用在抓取时感知物体的形状、软硬等物理性质。一般,把感知与外部直接接触而产生的接触觉、压觉及接近觉的传感器称为机器人触觉传感器。

活动步骤

(1) 教师通过多媒体展示工业机器人的触觉系统的硬件组成,讲述其工作原理及应用。

(2) 学生查阅与工业机器人视觉组成有关的资料。

(3) 分组讨论并思考以下问题。

① 工业机器人触觉系统在工作中的主要作用是什么?

② 工业机器人触觉系统分为哪几种?

③ 工业机器人各种触觉系统的组成及工作原理是什么?

任务知识

机器人触觉可分成接触觉、接近觉、压觉、滑觉和力觉等五种,如图 3-7 所示。接触觉是通过与对象物体彼此接触而产生的,所以最好使用手指表面高密度分布的触觉传感器阵列,它柔软、易于变形,可增大接触面积,并且有一定的强度,便于抓握。接触觉传感器可检测机器人是否接触目标或环境,用于寻找物体或感知碰撞,触头可装配在机器人的手指上,用来判断工作中各种状况。

机器人依靠接近觉来感知对象物体在附近,然后手臂减速慢慢接近物体;依靠接触觉可知已接触到物体,控制手臂让物体位于手指中间,合上手指握住物体;用压觉控制握力;如果物体较重,则靠滑觉来检测滑动,修正设定的握力来防止滑动;力觉控制与被测物体自重和转矩相应的力,或举起或移动物体,另外,力觉在旋紧螺母、轴与孔的嵌入等装配工作中也有广泛的应用。

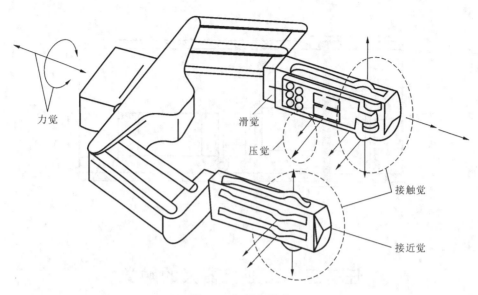

图 3-7　机器人触觉

一、机器人的接触觉

1.接触觉传感器

接触觉传感器主要有机械式、弹性式和光纤式等三种。

1）机械式传感器

机械式传感器主要利用触点的接触与断开获取信息,通常采用微动开关来识别物体的二维轮廓,由于结构关系,机械式传感器感知元件无法高密度列阵。

2）弹性式传感器

弹性式传感器由弹性元件、导电触点和绝缘体构成。如采用导电性石墨化碳纤维、氨基甲酸乙酯泡沫、印制电路板和金属触点构成的传感器,碳纤维被压后与金属触点接触,开关导通。

如图 3-8 所示为二维矩阵接触觉传感器的配置方法,一般放在机器人手掌的内侧。其中:①是柔软的电极;②是柔软的绝缘体;③是电极;④是电极板。图中柔软导体可以使用导电橡胶、浸含导电涂料的氨基甲酸乙酯泡沫或碳素纤维等材料。

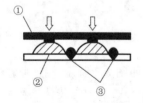 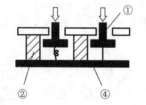 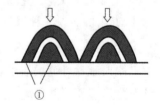

图 3-8　二维矩阵式接触觉传感器

阵列式接触觉传感器可用于测定自身与物体的接触位置、被握物体中心位置和倾斜度,甚至还可以识别物体的大小和形状。如图 3-9 所示为 PVF2 阵列式触觉传感器。

对于非阵列接触觉传感器,信号的处理主要是为了感知物体的有无。由于信息量较少,处理技术相对比较简单、成熟。阵列式接触觉传感器的作用是辨识物体接触面的轮廓。

3）光纤式传感器

光纤传感器包括一根由光纤构成的光缆和一个可变形的反射表面。光通过光纤束投射到可变形的反射材料上，反射光按相反方向通过光纤束返回。如果反射表面是平的，则通过每条光纤所返回的光的强度是相同的。如果反射表面已变形，则反射的光强度不同。用高速光扫描技术进行处理，即可得到反射表面的受力情况。如图 3-10 所示为触须式光纤触觉传感器装置。

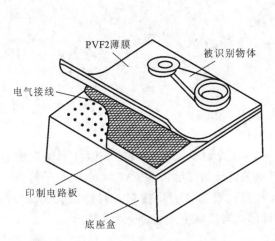

图 3-9　PVF2 阵列式触觉传感器

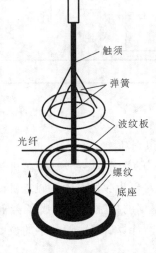

图 3-10　触须式光纤触觉传感器装置

图 3-11 所示的接触觉传感器由微动开关组成，其中图 3-11(a)所示为点式开关，图 3-11(b)所示为棒式开关，图 3-11(c)所示为缓冲器式开关，图 3-11(d)所示为平板式开关，图 3-11(e)所示为环式开关。用途不同，其配置也不同，一般用于探测物体位置、探索路径和安全保护。这类结构属于分散装置结构，单个传感器安装在机械手的敏感位置上。

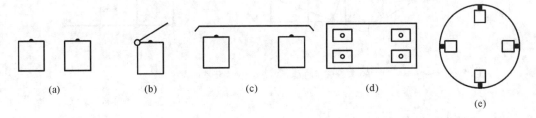

(a)　　　(b)　　　(c)　　　(d)　　　(e)

图 3-11　接触觉传感器

2.接触觉传感器的应用

如图 3-12 所示为一个具有接触搜索识别功能的机器人。图 3-12(a)所示为具有 4 个自由度(2 个移动和 2 个转动)的机器人，由一台计算机控制，各轴运动是由直流电动机闭环驱动的。手部装有压电橡胶接触觉传感器，识别软件具有搜索和识别的功能。

1)搜索过程

机器人有一扇形截面柱状操作空间，手爪在高度方向进行分层搜索，对每一层可根据预先给定的程序沿一定轨迹进行搜索。如图 3-12(b)所示，搜索过程中，假定在位置①遇到障碍，则手爪上的接触觉传感器就会发出停止前进的指令，使手臂向后缩回一段距离到达位置②。如果已经避开了障碍物，则再前进至位置③，又伸出到位置④处，再运动到位置⑤处与障碍物再次相碰。根据①、⑤的位置计算机就能判断被搜索物体的位置。再按位置⑥、位置⑦的顺序接近就能对搜索的目标物进行抓取。

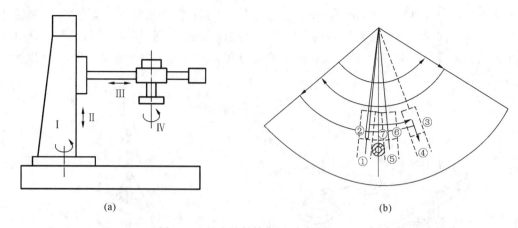

图 3-12　具有接触搜索识别功能的机器人

2）识别功能

图 3-13 所示为一个配置在机械手上的由 3×4 个触觉元件组成的表面阵列触觉传感器，识别对象为一长方体。假定机械手与搜索对象的已知接触目标模式为 x_i，机械手的每一步搜索得到的接触信息构成了接触模式 x_i，机器人根据每一步搜索，对接触模式 x_1，x_2，x_3，…不断计算、估计，调整手的位姿，直到目标模式与接触模式相符合为止。

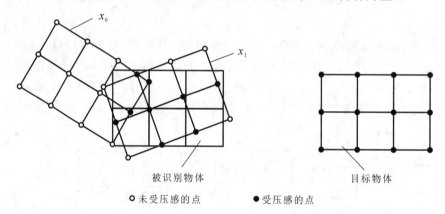

被识别物体　　　　　　　　　　目标物体

○ 未受压感的点　　　● 受压感的点

图 3-13　用表面矩阵触觉传感器引导随机搜索

每一步搜索过程由三部分组成：

① 接触觉信息的获取、量化和对象表面形心位置的估算；

② 对象边缘特征的提取和姿势估算；

③ 运动计算及执行运动。

要判定搜索结果是否满足形心对中、姿势符合要求，则还可设置一个目标函数，要求目标函数在某一尺度下最优，用这样的方法可判定对象的存在和位姿情况。

二、机器人的接近觉

接近觉传感器是指机器人手接近对象物体的距离几毫米到十几厘米时，就能检测出与对象物体表面的距离、斜度和表面状态的传感器。接近觉一般用非接触式测量元件，如霍尔效应传感器、电磁式接近开关、光学接近传感器和超声波传感器作为感知元件。

接近觉传感器可分为 6 种：电磁式（感应电流式）、光电式（反射或透射式）、电容式、气压式、超声波式和红外线式，如图 3-14 所示。

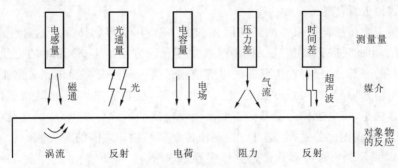

图 3-14 接近觉传感器

1.电磁式接近觉传感器

在一个线圈中通入高频电流,就会产生磁场,这个磁场接近金属物时,会在金属物中产生感应电流,也就是涡流。涡流大小随对象物体表面与线圈的距离而变化,这个变化反过来又影响线圈内磁场强度。磁场强度可用另一组线圈检测出来,也可以根据激磁线圈本身电感的变化或激励电流的变化来检测。图 3-15 所示为它的原理图。这种传感器的精度比较高,而且可以在高温下使用。由于工业机器人的工作对象大多是金属部件,因此电磁式接近觉传感器应用较广,在焊接机器人中可用它来探测焊缝。

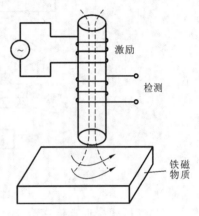

图 3-15 电磁式接近觉传感原理图

2.光电式接近觉传感器

光源发出的光经发射透镜射到物体,经物体反射并由接收透镜会聚到光电器件上。若物体不在感知范围内,光电器件无输出。光反射式接近觉传感器由于光的反射量受到对象物体的颜色、表面粗糙度和表面倾角的影响,精度较差,应用范围小。光电式接近觉传感器的应答性好,维修方便,测量精度高,目前应用较多,但其信号处理较复杂,使用环境也受到一定限制(如环境光度偏极或污浊)。光电式接近觉传感原理图如图 3-16 所示。

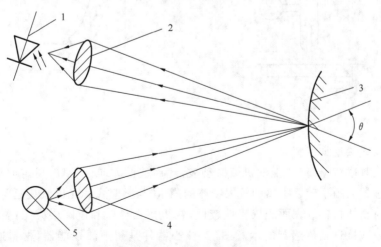

图 3-16 光电式接近觉传感原理图

1—光电器件;2—接收透镜;3—物体;4—发射透镜;5—光源

3.电容式接近觉传感器

电容式接近觉传感器可以检测任何固体和液体材料,外界物体靠近这种传感器会引起其电容量变化,由此反映距离信息。检测电容量变化的方案很多,最简单的方法是,将电容作为振荡电路的一部分,只有在传感器的电容值超过某一阈值时振荡电路才起振,将起振信号转换成电压信号输出,即可反映是否接近外界物体,这种方案可以提供二值化的距离信息。另一种方法是,将电容作为受基准正弦波驱动电路的一部分,电容量的变化会使正弦波发生相移,且二者成正比关系,由此可以检测出传感器与物体之间的距离。

如图 3-17 所示为极板电容式接近觉传感器原理图。

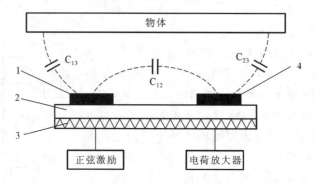

图 3-17　极板电容式接近觉传感器原理图
1—极板 1;2—绝缘板;3—接地屏蔽板;4—极板 2

4.气压式接近觉传感器

压力为 p_1 的气源经过颈口进入背压腔,又经喷嘴射出,气流碰到被测物体后形成背压输出 p,通过 p 的大小判断与被测物的距离 d。如图 3-18 所示为其原理与特性。它可用于检测非金属物体,尤其适用于测量微小间隙。

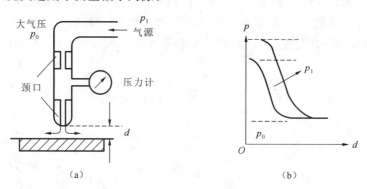

图 3-18　气压式接近觉传感原理与特性

5.超声波式接近觉传感器

超声波是频率 20 kHz 以上的机械振动波,超声波的方向性较好,可定向传播。超声波式接近觉传感器适用于较远距离和较大物体的测量,与感应式和光电式接近觉传感器不同,这种传感器对物体材料或表面的依赖性较低,在机器人导航和避障中应用广泛。如图 3-19所示为超声波式接近觉传感器的示意图,其核心器件是超声波换能器,材料通常为压电晶体、压电陶瓷或高分子压电材料。树脂用于防止换能器受潮湿或灰尘等环境因素的影响,还可起到声阻抗匹配的作用。

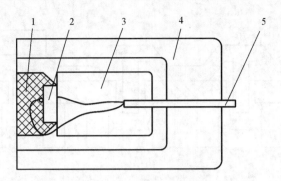

图 3-19 超声波式接近觉传感示意图

1—树脂；2—换能器；3—吸声材料；4—壳体；5—电缆

6.红外线式接近觉传感器

红外线式接近觉传感器可以探测到机器人是否靠近操作人员或其他热源，这对安全保护和改变机器人行走路径有实际意义。

三、机器人的压觉

压觉传感器实际是接触觉传感器的延伸，用来检测机器人手指握持面上承受的压力大小及分布。目前压觉传感器的研究重点在阵列型压觉传感器的制备和输出信号处理上。压觉传感器的类型很多，如压阻型、光电型、压电型、压敏型、压磁型、光纤型等。

1.压阻型压觉传感器

利用某些材料的内阻随压力变化而变化的压阻效应制成压阻器件，将其密集配置成阵列，即可检测压力的分布，如压敏导电橡胶和塑料等。如图 3-20 所示为压阻型压觉传感器的基本结构。

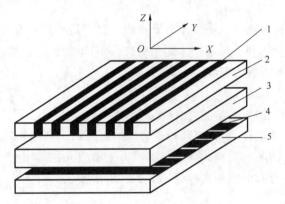

图 3-20 压阻型压觉传感器的基本结构

1—导电橡胶；2—硅橡胶；3—感压膜；4—条形电极；5—印制电路板

2.光电型压觉传感器

如图 3-21 所示为光电型阵列压觉传感器的结构示意图。当弹性触头受压时，触杆下伸，发光二极管射向光敏二极管的部分光线被遮挡，于是光敏二极管输出随压力变化而变化的电信号。通过多路模拟开关依次选通阵列中的感知单元，并经 A/D 转换器转换为数字信号，即可感知物体的形状。

3.压电型压觉传感器

利用压电晶体等压电效应器件，可制成类似于人类皮肤的压电薄膜来感知外界压力。其优点是耐腐蚀、频带宽和灵敏度高等，缺点是无直流响应，不能直接检测静态信号。

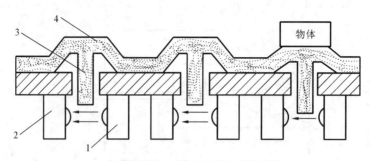

图 3-21　光电型阵列压觉传感器的结构示意图
1—发光二极管；2—光敏二极管；3—触杆；4—弹性触头

4.压敏型压觉传感器

利用半导体力敏器件与信号调理电路可构成集成压敏型压觉传感器。其优点是体积小、成本低、便于与计算机连接，缺点是耐压负载差、不柔软。

四、机器人的滑觉

机器人在抓取不知属性的物体时，其自身应能确定最佳握紧力的给定值。当握紧力不够时，要能检测被握紧物体的滑动，利用该检测信号，在不损害物体的前提下，考虑最可靠的夹持方法，实现此功能的传感器称为滑觉传感器。滑觉传感器可以检测垂直于握持方向物体的位移、旋转、由重力引起的变形等，以便修正夹紧力，防止抓取物的滑动。滑觉传感器主要用于检测物体接触面之间相对运动的大小和方向，判断是否握住物体以及应该用多大的夹紧力等。当机器人的手指夹住物体时，物体在垂直于夹紧力方向的平面内移动，需要进行的操作有：抓住物体并将其举起时的动作；夹住物体并将其交给对方的动作；手臂移动时加速或减速的动作。

机器人的握力应满足物体既不产生滑动而握力又为最小临界握力。如果能在刚开始滑动之后便立即检测出物体和手指间产生的相对位移，且增加握力就能使滑动迅速停止，那么该物体就可用最小的临界握力抓住。

检测滑动的方法有以下几种。

① 根据滑动时产生的振动检测，如图 3-22(a)所示。

② 把滑动的位移变成转动，检测其角位移，如图 3-22(b)所示。

③ 根据滑动时手指与对象物体间动静摩擦力来检测，如图 3-22(c)所示。

④ 根据手指压力分布的改变来检测，如图 3-22(d)所示。

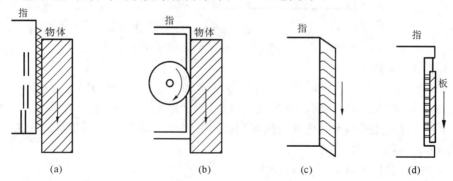

图 3-22　滑动引起的物理现象

如图 3-23 所示是一种测振式滑觉传感器。传感器尖端用一个直径为 0.05 mm 的钢球接触被握物体，振动通过杠杆传向磁铁，磁铁的振动在线圈中感应交变电流并输出。在传感器中设有橡胶阻尼圈和油阻尼器。滑动信号能清楚地从噪声中被分离出来。但其检测头需直接与对象物接触，在握持类似于圆柱体的对象物时，就必须准确选择握持位置，否则就不能起到检测滑觉的作用，而且其接触为点接触，可能因造成接触压力过大而损坏对象表面。

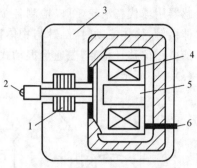

图 3-23　测振式滑觉传感器

1—橡胶圈阻尼；2—钢球；3—油阻尼器；
4—线圈；5—磁铁；6—输出

图 3-24 所示的柱型滚轮式滑觉传感器。小型滚轮安装在机器人手指上（见图 3-24(a)），其表面稍突出手指表面，使物体的滑动变成转动。滚轮表面贴有高摩擦因数的弹性物质，这种弹性物质一般为橡胶薄膜。用板型弹簧将滚轮固定，可以使滚轮与物体紧密接触，并使滚轮不产生纵向位移。滚轮内部装有发光二极管和光电三极管，通过圆盘形光栅把光信号转变为脉冲信号（见图 3-24(b)）。

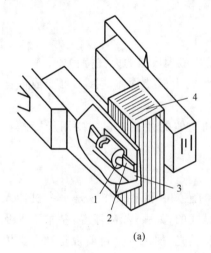

(a)

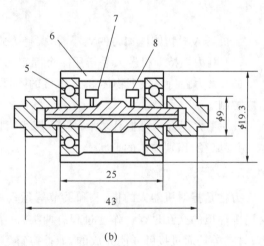

(b)

图 3-24　柱型滚轮式滑觉传感器

1—滑轮；2—弹簧；3—夹持器；4—物体；5—滚球；6—橡胶薄膜；7—发光二极管；8—光电三极管

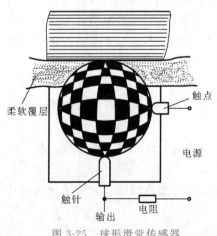

图 3-25　球形滑觉传感器

如图 3-25 所示为机器人专用球形滑觉传感器。它主要由金属球和触针组成，金属球表面分成许多个相间排列的导电和绝缘小格。触针头很细，每次只能触及一格。当工件滑动时，金属球也随之转动，在触针上输出脉冲信号。脉冲信号的频率反映了滑移速度，脉冲信号的个数对应滑移的距离。接触器触头面积小于球面上露出的导体面积，它不仅可做得很小，而且提高了检测灵敏度。球与被握物体相接触，无论滑动方向如何，只要球一转动，传感器就会产生脉冲输出。该球体在冲击力作用下不转动，因此抗干扰能力强。

滚轮式传感器只能检测一个方向的滑动。球式传感器用球代替滚轮,可以检测各个方向的滑动。振动式滑觉传感器表面伸出的触针能和物体接触,物体滚动时,触针与物体接触而产生振动,这个振动由压电传感器或磁场线圈结构的微小位移计检测,磁通量振动式传感器和光学式振动式传感器的工作原理分别如图 3-26 (a)、(b)所示。

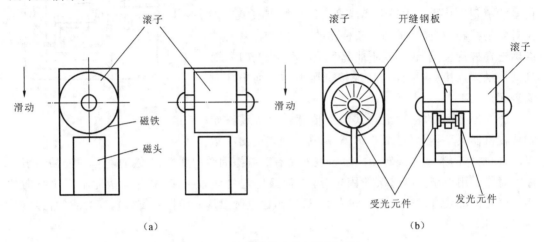

图 3-26　振动式传感器工作原理图

从机器人对物体施加力的大小看,握持方式可分为以下三类。

(1) 刚力握持　机器人手指用一个固定的力,通常是用最大可能的力握持物体。

(2) 柔力握持　根据物体和工作目的的不同,使用适当的力握持物体。握力可变或可自适应控制。

(3) 零力握持　可握住物体,但不用力,即只感觉到物体的存在。它主要用于探测物体、探索路径、识别物体的形状等。

五、机器人的力觉

力觉是指对机器人的指、肢和关节等运动中所受力的感知。机器人作业是一个机器人与周围环境的交互过程。作业过程有两类:一类是非接触式的,如弧焊、喷漆等,基本不涉及力;另一类是通过接触才能完成的,如拧螺钉、点焊、装配、抛光、加工等。目前视觉和力觉传感器已用于非事先定位的轴孔装配,其中,视觉完成大致的定位,装配过程靠孔的倒角作用不断产生的力反馈得以顺利完成。又如高楼清洁机器人,它在擦干净玻璃时,显然用力不能太大也不能太小,这要求机器人作业时具有力控制功能。当然,机器人力传感器不仅仅用于上面描述的机器人末端执行器与环境作用过程中发生的力测量,还可用于机器人自身运动控制过程中的力反馈测量、机器手爪抓握物体时的握力测量等。

通常将机器人的力传感器分为以下三类。

(1) 装在关节驱动器上的力传感器称为关节力传感器。它测量驱动器本身的输出力和力矩,用于控制中的力反馈。

(2) 装在末端执行器和机器人最后一个关节之间的力传感器称为腕力传感器。腕力传感器能直接测出作用在末端执行器上的各向力和力矩。

(3) 装在机器人手爪指关节上(或指上)的力传感器称为指力传感器。它用来测量夹持物体时的受力情况。

机器人的这三种力传感器依其不同的用途有不同的特点。关节力传感器用来测量关节的受力情况,信息量单一,传感器结构也较简单,是一种专用的力传感器。(手)指力传感器一般测量范围较小,同时受手爪尺寸和质量的限制,在结构上要求小巧,也是一种较专用的力传感器。腕力传感器从结构上来说是一种相对复杂的传感器,它能获得手爪三个方向的受力,信息量较多,又由于其安装的部位在末端操作器与机器人手臂之间,比较容易形成通用化的产品。

如图 3-27 所示为 Draper 实验室研制的六维腕力传感器。它将一个整体金属环周壁铣成按 120°周向分布的三根细梁。其上部圆环上有螺孔与手臂相连,下部圆环上的螺孔与手爪连接,传感器的测量电路置于空心的弹性构架体内。该传感器结构比较简单,灵敏度较高,但六维力(力矩)的获得需要解耦运算,传感器的抗过载能力较差,较易受损。

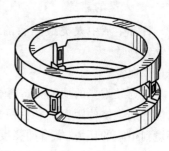

图 3-27　Draper 的腕力传感器

如图 3-28 所示是 SRI(Stanford Research Institute)研制的六维腕力传感器。图 3-28(a)是 SRI 腕力传感器,图 3-28(b)是 SRI 腕力传感器应变片连接方式。SRI 腕力传感器由一只直径为 75 mm 的铝管铣削而成,具有八个窄长的弹性梁,每一个梁的颈部开有小槽,使颈部只传递力,扭矩作用很小。

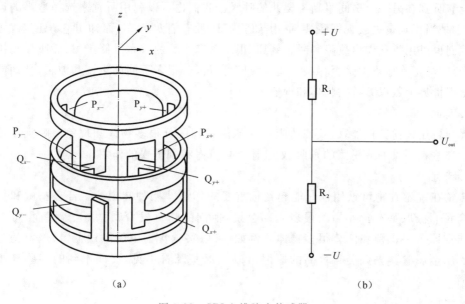

（a）　　　　　　　　　　　　　　（b）

图 3-28　SRI 六维腕力传感器

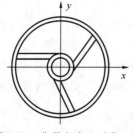

图 3-29　非径向中心对称三梁腕力传感器

如图 3-29 所示是一种非径向中心对称三梁腕力传感器,传感器的内圈和外圈分别固定于机器人的手臂和手爪上,力沿与内圈相切的三根梁进行传递。每根梁的上下、左右各贴一对应变片,这样,三根梁共粘贴六对应变片,分别组成六组半桥,对这六组电桥信号进行解耦,可得到六维力(力矩)的精确解。这种力觉传感器结构有较大的刚度,最先由卡纳基-梅隆大学提出。在我国,华中科技大学也曾对此结构的传感器进行过研究。

项目拓展与提高

工业机器人传感器介绍

机器人内部传感器

一、人类的感觉

日常生活中人类最熟悉的五种感觉是:视觉、嗅觉、味觉、听觉和触觉。

1. 视觉

视觉最重要的功能是选择合适的、安全的运动路径。双目视觉和其他知觉的刺激,使我们能辨别物体的距离。彩色视觉可以很快辨别千百万种明暗不同的光线和颜色。从很亮的环境到很暗的环境,靠自动亮度调节功能,可以很快地调整适应。靠眼睛供给我们需要的大部分信息,据估计,传给大脑的所有信息中,有70%来自视觉器官。

2. 听觉

像视觉一样,听觉也是立体的,可使我们判断声音的方向和距离。甚至在我们出生之前,这种感觉就发育得很好。当我们睡觉时,它也在很好地工作。它是如此敏锐,以致很多母亲能够听到在另一个房间里新生婴儿的呼吸。我们也可以利用听觉来选择适当的运动形式,特别是当视觉丧失或视线受阻时,比如我们还没有看见汽车,而知道它开过来,便是如此。我们也可用听觉作出故障判断。例如,很多富有经验的汽车维修工,只凭听发动机运转的声音,即可正确地辨别是否存在问题。我们可以区分很多不同的声调和波长,从而能够区分和辨识世界上数以万计的物体和现象。

3. 嗅觉

无须再用任何其他器官,我们的嗅觉就能使我们区分很多物体和现象。嗅觉在帮助我们辨识那些看不见的或隐藏的东西(如气体)时,具有特别重要的作用。

4. 味觉

味觉在确定食物可饮用性时能起到很重要的作用。四种味道——苦、酸、咸和甜有助于提高我们摄取基本营养品。很多人都会说,他们的味觉发育得太好了,因而,可以用我们的味觉器官去识别和区分很多物体。例如,可以察觉食物中的微量金属(这就是为什么我们不用金属餐具去调美味食品的原因),以及那些既看不见,又闻不到的某些气体或化学物质。

5. 触觉

触觉蕴含比我们通常想象更高的敏感度。在我们的皮肤中,植入了成千上万的压力、温度和疼痛传感器。例如,约有200万个疼痛传感器、50万个压力传感器和20万个温度传感器不均匀地遍布人体,主要在表皮。例如,膝盖1 cm² 就有232个疼痛传感器,大拇指上1 cm² 有60个疼痛传感器,而鼻子尖上1 cm² 有44个疼痛传感器。当其他感官失效或受到干扰时,我们还可以用这种感觉去辨识、区分不同物体和现象。比如,无需其他感官就可以感觉和辨识我们背上是否有一只毛虫,并采取相应的行动。

6. 动觉

动觉位于韧带、关节和肌肉等处的感觉接受器可以告知大脑整个身体的位置和运动。它使我们不必盯着自己的腿就能走路,收缩肌肉而无须看它,闭着眼睛也可用手摸到鼻子。

7.平衡感官

平衡感官主要位于内耳的前庭感官提供平衡感,这种感官告诉我们是头朝上还是脚朝上,是加快还是减慢,是上升还是下降。当我们乘坐游戏车时,正是这种感官的巧妙控制给了我们以惊险之感。

二、传感器的定义和组成

1.传感器的定义

传感器是能按一定规律实现信号检测,并将被测量(物理的、化学的和生物的信息)通过变送器变换为另一种物理量(通常是电压或电流量)的器件。它既能把非电量变换为电量,也能实现电量之间或非电量之间的互相转换。总而言之,一切获取信息的仪表器件都可称为传感器。

国际上,传感技术被列为六大核心技术(计算机、激光、通信、半导体、超导和传感)之一。传感技术也是现代信息技术的三大基础(传感技术、通信技术、计算机技术)之一。

2.传感器的组成

传感器一般由敏感元件、转换元件、基本转换电路三部分组成。

三、传感器类型的选择

1.从机器人对传感器的需要来选择

选择原则如下。

(1) 精度高,重复性好。

(2) 稳定性好,可靠性高。

(3) 抗干扰能力强。

(4) 质量轻,体积小,安装方便可靠。

(5) 价格便宜。

2.从加工任务的要求来选择

在现代工业中,机器人被用于执行各种加工任务,其中比较常见的加工任务有物料搬运、装配、喷漆、焊接、检验等。不同的加工任务对机器人提出了不同的要求。

3.从机器人控制的要求来选择

机器人控制需要采用传感器来检测机器人的运动位置、速度、加速度。

除了较简单的开环控制机器人外,多数机器人都采用了位置传感器作为闭环控制器的反馈元件。机器人根据位置传感器反馈的位置信息,对机器人的运动误差进行补偿。

不少机器人还装备有速度传感器和加速度传感器。加速度传感器可以检测机器人构件受到的惯性力,使控制能够补偿惯性力引起的变形误差。速度传感器用于预测机器人的运动时间,计算和控制由离心力引起的变形误差。

4.从辅助工作的要求来选择

工业机器人在从事某些辅助工作时,也要求有一定的感觉能力。这些辅助工作包括产品的检验和工件的准备等。

机器人在外观检验中的应用日益增多。机器人在这方面的主要用途有检查毛刺、裂缝或孔洞的存在,确定表面粗糙度和装饰质量,检查装配体是否完成等。在外观检验中,机器人主要需要视觉能力,有时也需要其他类型的传感器。

5. 从安全方面的要求来选择

从安全方面考虑，机器人对传感器的要求包括以下两个方面。

（1）为了使机器人安全地工作而不受损坏，机器人的各个构件都不能超过其受力极限。

（2）从保护机器人使用者的安全出发，机器人传感器要符合各项要求。

四、传感器性能指标的确定

传感器性能指标有如下几种：灵敏度、线性度、测量范围、精度、重复性、分辨率、响应时间和可靠性。

五、传感器物理特征的选择

选择传感器所依据的物理特性包括尺寸和质量、输出形式、可插接性。

六、机器人传感器的分类及应用

机器人传感器的分类及应用如表 3-1 所示。

表 3-1　机器人传感器的分类及应用

传感器	检测对象	传感器装置	应　用
视觉	空间形状	面阵 CCD、SSPD、TV 摄像机	物体识别、判断
	距离	激光、超声测距	移动控制
	物体位置	PSD、线阵 CCD	位置决定、控制
	表面形态	面阵 CCD	检查、异常检测
	光亮度	光电管、光敏电阻	判断对象有无
	物体颜色	色敏传感器、彩色 TV 摄像机	物料识别、颜色选择
触觉	接触	微型开关、光电传感器	控制速度、位置、姿态确定
	握力	应变片、半导体压力元件	控制握力、识别握持物体
	负载	应变片、负载单元	张力控制、指压控制
	压力大小	导电橡胶、感压高分子元件	姿态、开关判别
	压力分布	应变片、半导体感压元件	装配力控制
	力矩	压阻元件、转矩传感器	控制手腕、伺服控制双向力
	滑动	光电编码器、光纤	修正握力、测量质量或表面特征
接近觉	接近程度	光敏元件、激光	作业程序控制
	接近距离	光敏元件	路径搜索、控制、避障
	倾斜度	超声换能器、电感式传感器	平衡、位置控制
听觉	声音	麦克风	语音识别、人机对话
	超声	超声波换能器	移动控制
嗅觉	气体成分	气体传感器、射线传感器	化学成分分析
	气体浓度		
味觉	味道	离子敏传感器、pH 计	化学成分分析

实训项目四　认识工业机器人各种传感器

实训目的

（1）认识工业机器人各种类型的传感器。

（2）通过实验体会各种传感器的作用。

实训设备

HSR-JR612 六轴工业机器人全套设备。

实训课时

4 课时。

实训内容

（1）工业机器人视觉传感器实验（弧焊模拟）。

（2）工业机器人触觉传感器实验。

（3）工业机器人接近觉传感器实验。

实训项目五　工业机器人夹具安装及调试

实训目的

（1）能正确安装机器人末端夹具。

（2）能设计夹具 IO 线路，并正确接线。

（3）能设计夹具气动线路，并正确连接气动元件。

实训设备

HSR-JR612 六轴机器人实训平台一套、工具若干。

实训课时

4 课时。

实训内容

机器人夹具的安装及调试。

实训步骤

（1）手动操作机器人运动至方便拆装夹具的合适位置。

（2）设计机器人夹具电气控制原理图和气动原理图。

（3）对机器人 IO 线路进行相关接线操作。

（4）测试机器人夹具 IO 信号。

（5）对机器人夹具气动元器件进行连接。

进行手动操作时，尽量远离机器人。如无必要，不要待在围栏内。

项 目 小 结

本项目主要介绍工业机器人的环境感觉系统，机器人传感器主要包括机器人视觉、力觉、触觉、接近觉等传感器。重点掌握各种传感器的分类及在工作中的应用。

思考与练习

一、填空题

1.机器人传感器主要包括机器人_____、_____、_____、_____、_____、_____等传感器。

2.工业机器人所要完成的任务不同,配置的传感器类型和规格也不相同,机器人传感器一般分为_____、_____。

3.工业机器人的视觉系统可以分为_____、_____、_____、图像存储和_____几个部分。

4.机器人触觉可分成_____、_____、_____、_____和力觉五种。

5.接触觉传感器主要有_____、_____和光纤式等。

6.接近觉传感器可分为6种:_____、_____、_____、_____、超声波式和红外线式。

7.压觉传感器的类型很多,如_____、光电型、_____、_____、压磁型、光纤型等。

8.机器人的力传感器分为_____、_____、指力传感器三类。

二、选择题

1.用于检测物体接触面之间相对运动大小和方向的传感器是( )。

    A.接近觉传感器　　　　　　　　B.接触觉传感器

    C.滑觉传感器　　　　　　　　　D.压觉传感器

2.机器人外部传感器不包括( )传感器。

    A.力或力矩　　　　B.接近觉　　　　C.触觉　　　　D.位置

3.机器视觉系统主要由( )三部分组成。

    A.图像的获取　　　B.图像恢复　　　C.图像增强　　　D.图像的处理和分析

    E.输出或显示　　　F.图形绘制

4.接触觉传感器主要有( )。

    A.机械式　　　　　B.弹性式　　　　C.光纤式　　　　D.感应式

5.工业机器人的视觉系统可以分为( )。

    A.图像输入　　　　B.图像处理　　　C.图像理解　　　D.图像存储

    E.图像输出

6.接近觉传感器可分为( )。

    A.电磁式　　　　　B.光电式　　　　C.静电容式　　　D.气压式

    E.超声波式　　　　F.红外线式

三、判断题

1.视觉传感器是将景物的光信号转换成电信号的器件。　　　　　　　　( )

2.图像输入部分通常由CCD固体摄像机、镜头和胶卷组成。　　　　　　( )

3.摄像机对景物取景时没必要手动调节光圈的焦点。　　　　　　　　　( )

4. 位置传感器主要采用测速发电机。　　　　　　　　　　　　　　　　（　）

5. 接近觉传感器是指机器人手接近对象物体的距离几米远时,就能检测出对象物体表面的距离、斜度和表面状态的传感器。　　　　　　　　　　　　　　（　）

四、简答题

1. 机器人的视觉系统是如何工作的？它都应用在哪些方面？

2. 工业机器人触觉系统在工作中的主要作用是什么？

3. 工业机器人压觉传感器的主要作用是什么？

4. 机器人的力觉是指什么？它分为哪几类？

项目四 工业机器人的控制系统与驱动系统

通过项目三的学习,了解了工业机器人的感觉系统,那么我们先想一想人的工作过程:工作之前,先由感觉器官把信息传给大脑,大脑经过分析,判断该由哪个器官发挥作用去完成这个任务,大脑再向这个器官发出命令,让这个器官去完成工作。由此可见,人的大脑就是一个控制系统。同样,机器人的工作也是通过感觉系统将采集到的信息传给控制系统,由控制系统去分析判断,再向周边设备发出工作信号,完成工作。工业机器人的控制系统就相当于人的大脑,工业机器人的驱动系统是直接驱动各运动部件动作的机构。本项目主要讨论工业机器人的控制系统和驱动系统是如何工作的。

知识目标

- 了解工业机器人控制系统的特点及主要功能。
- 掌握工业机器人控制系统的控制方式。
- 掌握工业机器人控制系统的组成、分类。
- 掌握工业机器人控制系统的结构。
- 掌握工业机器人驱动系统的三种驱动方式。

能力目标

- 理解工业机器人控制系统和驱动系统的工作原理。

情感目标

- 培养学生对工业机器人控制系统研究的兴趣,培养学生的小组合作精神和对科学的创新精神。

任务一　工业机器人的控制系统

控制系统是工业机器人的主要组成部分,它的机能类似于人脑机能。工业机器人要与外围设备协调动作,共同完成作业任务,就必须具备一个功能完善、灵敏、可靠的控制系统。工业机器人的控制系统可分为两部分:一部分是对其自身运动的控制;另一部分是工业机器人与周边设备的协调控制。

任务说明

工业机器人的控制系统主要是根据感觉系统采集到的信号进行分析判断,再向其他设备发出工作指令的,它是一个指挥中心。下面我们先来了解一下工业机器人的控制系统。

活动步骤

(1)教师通过多媒体展示工业机器人控制系统的组成图,并讲述工业机器人控制系统的特点及主要功能。

（2）学生查阅与工业机器控制系统有关的资料。

（3）分组讨论并思考以下问题。

① 工业机器人控制系统的主要作用是什么？

② 工业机器人控制系统有哪些特点？

③ 工业机器人控制系统的物理构成有哪些？

④ 工业机器人控制系统的分类都有哪些？

⑤ 工业机器人控制系统的结构有哪些？

任务知识

一、工业机器人控制系统的特点

机器人的结构多为空间开链机构，其各个关节的运动是独立的，为了实现末端执行器的运动轨迹，需要多关节的运动协调。因此，控制系统具有以下特点。

1. 机器人的控制与结构运动学及动力学密切相关

机器人手足的状态可以在各种坐标系下进行描述，应当根据需要选择不同的参考坐标系，并做适应的坐标变换。

控制系统

2. 机器人控制系统是多变量自动控制系统

一个机器人至少有 3 个自由度，比较复杂的机器人有十几个自由度，甚至几十个自由度。每一个自由度应有一个伺服机构，它们必须协调起来，组成一个多变量控制系统。

3. 多个独立的伺服系统有机协调

把多个独立的伺服系统有机协调起来，使其按照人的意志行动，甚至赋予机器人一定的"智能"，这个任务只能由计算机来完成。因此，机器人控制系统必须是一个计算机控制系统。

4. 机器人控制系统是非线性的控制系统

描述机器人状态和运动的数学模型随着状态和外力的变化，其参数也在变化，各变量之间还存在耦合关系，经常使用重力补偿、前馈、解耦或自适应控制等方法。

5. 机器人的动作通过不同的方式和路径来完成

机器人的动作往往可以通过不同的方式和路径来完成，因此存在一个"最优"的问题。较高级的机器人可以用人工智能的方法，用计算机建立起庞大的信息库，借助信息库进行控制、决策、管理和操作。根据传感器和模式识别的方法获得对象及环境的工作状况，按照给定的指标要求，自动地选择最佳的控制规律。

总而言之，机器人控制系统是一个与运动学和动力学原理密切相关的、有耦合的、非线性的多变量控制系统。随着机器人技术的发展，机器人控制理论必将日臻成熟。

二、工业机器人控制系统的主要功能

工业机器人的控制系统的主要任务是，控制工业机器人在工作空间中的运动位置、姿态、轨迹、操作顺序及动作的时间等项目，其中有些项目的控制是非常复杂的。工业机器人的主要功能有示教再现功能和运动控制功能两种。

1. 示教再现控制功能

示教再现控制是指控制系统可以通过示教器或手把手进行示教，将动作顺序、运动速度、位置等信息用一定的方法预先教给工业机器人，由工业机器人的记忆装置将所教的操作过程自动地记录在存储器中,当需要再现操作时,重放存储器中存储的内容的一种控制功能。如需要更改操作内容,只要重新示教一遍即可。

大多数工业机器人都具有采用示教方式来编程的功能。示教编程一般可分为手把手示教编程和示教器示教编程等两种方式。

1)手把手示教编程

手把手示教编程方式主要用于喷漆、弧焊等要求实现连续轨迹控制的工业机器人示教编程中。具体的方法是,人工利用示教手柄引导末端执行器经过所要求的位置,同时由传感器检测出工业机器人各关节处的坐标值,并由控制系统记录、存储下这些数据信息。实际工作当中,工业机器人的控制系统将重复再现示教过的轨迹和操作技能。

手把手示教编程也能实现点位控制,与连续轨迹控制不同的是,它只记录各轨迹程序移动的两端点位置,轨迹的运动速度则按各轨迹程序段对应的功能数据输入。

2)示教器示教编程

示教器示教编程方式是人工利用示教器上所具有的各种功能的按钮来驱动工业机器人的各关节轴,按作业所需要的顺序单轴运动或多关节协调运动,从而完成位置和功能的示教编程。

示教器通常是一个带有微处理器的、可随意移动的小键盘,内部 ROM 中固化有键盘扫描和分析程序。其功能键一般具有回零方式、示教方式、自动方式和参数方式等。

示教编程控制由于其具有编程方便、装置简单等优点,在应用工业机器人的初期得到较多的应用。同时,其编程精度不高、程序修改困难、要求示教人员熟练程度高等缺点的限制,促使人们又开发了许多新的控制方式和装置,以使工业机器人能更好更快地完成作业任务。

2.运动控制功能

工业机器人的运动控制是指工业机器人的末端执行器从一点移动到另一点的过程中,对其位置、速度和加速度的控制。由于工业机器人末端操作器的位置和姿态是由各关节的运动引起的,因此,其运动控制实际上是通过控制关节运动实现的。

工业机器人关节运动控制一般可分为两步。

(1)关节运动伺服指令的生成,即指将末端执行器在工作空间的位置和姿态的运动转化为由关节变量表示的时间序列或表示为关节变量随时间变化而变化的函数。这一步一般可离线完成。

(2)关节运动的伺服控制,即跟踪执行第一步所生成的关节变量伺服指令。这一步是在线完成的。

三、工业机器人的控制方式

工业机器人的控制方式根据作业任务不同,主要分为点位控制方式(PTP)、连续轨迹控制方式(CP)、力(力矩)控制方式和智能控制方式等。

1.点位控制方式

这种控制方式的特点是,只控制工业机器人末端执行器在作业空间中某些规定的离散点上的位姿。控制时只要求工业机器人快速、准确地实现相邻各点之间的运动,而对达到目标点的运动轨迹则不做任何规定。这种控制方式的主要技术指标是定位精度和运动所需的时间,如图 4-1(a)所示。由于其具有控制方式易于实现、定位精度要求不高的特点,因而常被应用在上下料、搬运、点焊和在电路板上安插元件等只要求目标点处保持末端执行器位姿准确的作业中。一般来说,这种方式比较简单,但是,要达到 $2\sim3~\mu m$ 的定位精度是相当困难的。

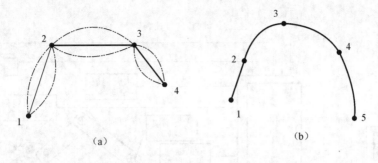

图 4-1　点位控制与连续轨迹控制

2.连续轨迹控制方式

这种控制方式的特点是,连续地控制工业机器人末端执行器在作业空间中的位姿,要求其严格按照预定的轨迹和速度在一定的精度范围内运动,而且速度可控,轨迹光滑,运动平稳,以完成作业任务。工业机器人各关节连续、同步地进行相应的运动,其末端执行器即可形成连续的轨迹。这种控制方式的主要技术指标是工业机器人末端执行器位姿的轨迹跟踪精度及平稳性,如图 4-1(b)所示。这种控制方式通常应用在弧焊、喷漆、去毛边和检测作业机器人中。

3.力(力矩)控制方式

在完成装配、抓放物体等工作时,除要准确定位之外,还要求使用适度的力或力矩进行工作,这时就要利用力(力矩)伺服方式。这种方式的控制原理与位置伺服控制原理基本相同,只不过输入量和反馈量不是位置信号,而是力(力矩)信号,因此系统中必须有力(力矩)传感器。有时也利用接近、滑动等传感功能进行自适应式控制。

4.智能控制方式

机器人的智能控制是通过传感器获得周围环境的信息,并根据自身内部的知识库做出相应的决策。采用智能控制技术,机器人就能具有较强的环境适应性及自学习能力。智能控制技术的发展有赖于近年来人工神经网络、基因算法、遗传算法、专家系统等人工智能技术的迅速发展。

四、工业机器人控制系统的基本组成

一个完整的工业机器人控制系统由控制计算机、示教器、操作面板、存储器(包括硬盘和软盘)存储器、数字和模拟量输入/输出、打印机接口、传感器接口、轴控制器、辅助设备控制、通信接口和网络接口组成,如图 4-2 所示。

1.控制计算机

它是控制系统的调度指挥机构。

2.示教器

示教器用来示教机器人的工作轨迹和参数设定,以及一些人机交互操作。它拥有自己独立的 CPU 以及存储单元,与控制计算机之间以串行通信方式或并行通信方式实现信息交互。

3.操作面板

操作面板由各种操作按键、状态指示灯构成,只完成基本功能操作。

4.存储器

存储器用于存储机器人工作程序的外部存储器。

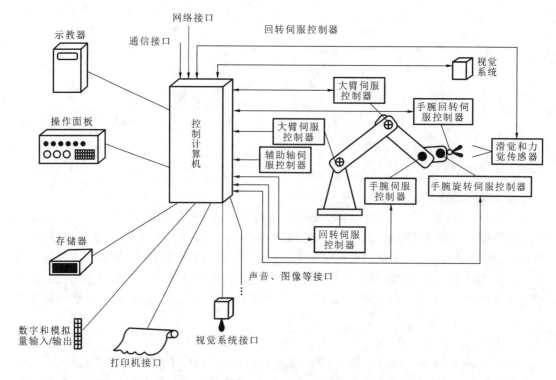

图 4-2　机器人控制系统的基本组成

5.数字和模拟量输入/输出接口

数字和模拟量输入/输出接口用于将各种状态和控制命令进行输入或输出。

6.打印机接口

打印机接口用于记录需要输出的各种信息。

7.传感器接口

传感器接口用于信息的自动检测,实现机器人柔顺控制,一般为力觉、触觉和视觉传感器。

8.轴控制器

轴控制器包括各关节的伺服控制器,用于完成机器人各关节位置、速度和加速度控制。

9.辅助设备控制器

辅助设备控制器用于和机器人配合的辅助设备控制,如手爪变位器等。

10.通信接口

通信接口用于实现机器人和其他设备的信息交换,一般有串行接口、并行接口等。

11.网络接口

(1) 以太网接口:可通过以太网(Ethernet)实现数台或单台机器人的直接计算机通信,数据传输速率高达 10 Mb/s,可直接在计算机上用 Windows 库函数进行应用程序编程之后,支持 TCP/IP 通信协议,通过以太网接口将数据程序装入各个机器人控制器中。

(2) Fieldbus 接口:支持多种流行的现场总线规格,如 Devicenet、ABRemoteI/O、Interbus-s、profibus-DP、M-NET 等。

五、工业机器人控制系统的分类

1.程序控制系统

给每一个自由度施加一定规律的控制作用,机器人就可实现要求的空间轨迹。

2. 自适应控制系统

这种系统当外界条件变化时,可保证所要求的品质,或随着经验的积累能自行改善控制品质,其过程是基于操作机的状态和伺服误差的观察,再调整非线性模型的参数,一直到误差消失为止。这种系统的结构和参数能随时间和条件自动改变。

3. 人工智能系统

有些场合事先无法编制运动程序,而是要求在运动过程中根据所获得的周围状态信息,实时确定控制作用,这时就需要采用人工智能系统,当外界条件变化时,人工智能系统能保证所要求的品质,或随着经验的积累能自行改善控制品质。其控制过程是进行操作机的状态和伺服误差的观察,调整非线性模型的参数,一直到误差消失为止。这种系统的结构和参数能随时间和条件变化而自动改变,因而是一种自适应控制系统。

4. 点位式控制系统

该系统能准确控制机器人末端执行器的位姿,而与路径无关。

5. 轨迹式控制系统

要求机器人按示教的轨迹和速度运动。

6. 控制总线

国际标准总线控制系统,采用国际标准总线作为控制系统的控制总线。

7. 自定义总线控制系统

由生产厂家自行定义使用的总线作为控制系统总线。

8. 编程方式

它是一种物理设置编程系统。由操作者设置固定的限位开关,实现启动、停车的程序操作,只能用于简单的拾起和放置作业。

9. 在线编程

它可通过人的示教来完成操作信息的记忆过程编程方式,包括直接示教(即手把手示教)模拟示教和示教盒示教。

10. 离线编程

该系统不对实际作业的机器人直接示教,而是在远离实际作业环境,就能生成示教程序,用高级机离线生成机器人的作业轨迹。

六、机器人控制系统结构

机器人控制系统按其控制方式可分为三类:集中控制系统、主从控制系统和分布式控制系统。

1. 集中控制系统

集中控制系统用一台计算机实现全部控制功能,结构简单,成本低,但实时性差,功能难以扩展,在早期的机器人中常采用这种结构,其构成框图如图 4-3 所示。基于计算机的集中控制系统,充分利用了计算机资源开放性的特点,可以实现很好的开放性;多种控制卡,传感器设备等都可以通过标准 PCI 插槽或通过标准串口、并口集成到控制系统中。集中式控制系统的优点是,硬件成本较低,便于信息的采集和分析,易于实现系统的最优控制,整体性与协调性较好,基于计算机的系统,硬件扩展较为方便。其缺点也显而易见:系统控制缺乏灵活性,控制危险容易集中,一旦出现故障,其影响面广,后果严重;由于工业机器人的实时性要求很高,系统进行大量数据计算,会降低系统实时性,系统对多任务的响应能力也会与系统的实时性相冲突;此外,系统连线复杂,会降低系统的可靠性。

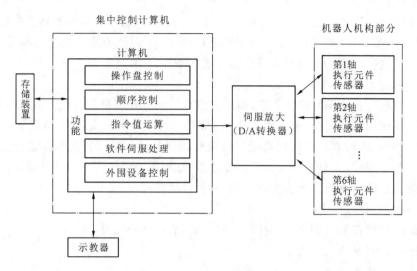

图 4-3　集中控制系统

2. 主从控制系统

采用主、从两级处理器实现系统的全部控制功能。主计算机实现管理、坐标变换、轨迹生成和系统自诊断等，从计算机实现所有关节的动作控制。其构成框图如图 4-4 所示。主从控制方式系统实时性较好，适于高精度、高速度控制，但其系统扩展性较差，维修困难。

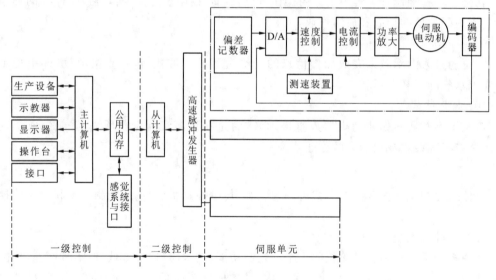

图 4-4　主从控制系统

3. 分布式控制系统

按系统的性质和方式将系统控制分成几个模块，每一个模块各有不同的控制任务和控制策略，各模式之间可以是主从关系，也可以是平等关系。这种方式实时性好，易于实现高速、高精度控制，易于扩展，可实现智能控制，是目前流行的方式，其控制框图如图 4-5 所示。其主要思想是"分散控制，集中管理"，即系统对其总体目标和任务可以进行综合协调和分配，通过子系统的协调工作来完成控制任务，整个系统在功能、逻辑和物理等方面都是分散的,所以分布式控制系统又称为集散控制系统或分散控制系统。这种结构中,子系统是由控制器和不同被控对象或设备构成的,各个子系统之间通过网络等相互通信。分布式控制结构提供了一个开放、实时、精确的机器人控制系统。分布式控制系统中常采用两级控制方式。

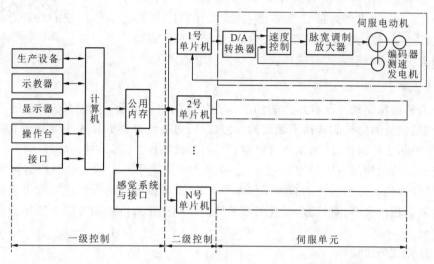

图 4-5 分布式控制系统

两级分布式控制系统通常由上位机、下位机和网络组成。上位机可以进行不同的轨迹规划和控制算法,下位机进行插补细分、控制优化等。上位机和下位机通过通讯总线相互协调工作,这里的通信总线可以是 RS-232、RS-485、EEE-488 以及 USB 总线等。现在,以太网和现场总线技术的发展为机器人提供了更快速、稳定、有效的通信服务。尤其是现场总线,它应用于生产现场、在计算机测量控制设备之间实现双向多结点数字通信,从而形成了新型的网络集成式全分布控制系统——现场总线控制系统 FCS。在工厂生产网络中,通过现场总线连接的设备统称为"现场设备/仪表"。从系统论的角度来说,工业机器人作为工厂的生产设备之一,也可以归纳为现场设备。在机器人系统中引入现场总线技术后,更有利于机器人在工业生产环境中的集成。

任务二 工业机器人的驱动系统

任务说明

工业机器人的驱动系统是直接驱使各运动部件动作的机构,对工业机器人的性能和功能影响很大。本任务我们就来学习工业机器人的驱动系统。

活动步骤

(1)教师讲述工业机器人的驱动系统,分析各种驱动方式的组成及特点。

(2)学生查阅与工业机器驱动系统有关的资料。

(3)分组讨论并思考以下问题。

① 工业机器人驱动系统的主要作用是什么?

② 工业机器人驱动方式有哪些?

任务知识

工业机器人的自由度多,运动速度较快,驱动元件本身大多是安装在活动机架(手臂和转台)上的。这些特点要求工业机器人驱动系统的设计必须做到外形小、质量轻、工作平稳可靠。另外,由于工业机器人能任意多点定位,工作程序又能灵活改变,所以在一些比较复杂的机器人中,通常采用伺服系统。

驱动系统

机器人关节的驱动方式有液压式、气动式和电动式等。

一、液压驱动

机器人的液压驱动将已有压力的油液作为传递的工作介质,用电动机带动油泵输出压力油,电动机供给的机械能转换成油液的压力能,压力油经过管道及一些控制调节装置等进入油缸,推动活塞杆运动,从而使手臂伸缩、升降,油液的压力能又转换成机械能。

手臂在运动时所能克服的摩擦阻力大小,以及夹持式手部夹紧工件时所需保持的握力大小,均与油液的压力和活塞的有效工作面积有关,手臂做各种动作的速度取决于流入密封油缸中油液面积的大小。借助运动着的压力油的体积变化来传递动力的液压传动称为容积式液压传动。

1.液压系统的组成

(1)油泵:供给液压系统,驱动系统压力油,将电动机输出的机械能转换为油液的压力能,用压力油驱动整个液压系统的工作。

(2)液动机:压力油驱动运动部件对外工作的部分。手臂做直线运动的液动机称为手臂伸缩油缸;做回转运动的液动机,一般称为油马达;回转角度小于360°的液动机,一般称为回转油缸(或摆动油缸)。

(3)控制调节装置:各种阀类,如单向阀、溢流阀、换向阀、节流阀、调速阀、减压阀和顺序阀等,每种阀各起一定的作用,使机器人的手臂、手腕、手指等能够完成所要求的运动。

(4)辅助装置:如油箱、滤油器、储能器、管路和管接头以及压力表等。

2.液压驱动系统的特点

1)能得到较大的输出力或力矩

一般得到2.0～7.0 MPa的油液压力是比较方便的,而通常工厂的压缩空气压力均为0.4～0.6 MPa。因此在活塞面积相同的条件下,液压机械手的载荷可比气动机械手的载荷大得多。液压机械手搬运质量已达到800 kg以上,而气动机械手的一般小于30 kg。

2)液压传动滞后现象小

与空气相比,油液的压缩性极小,故传动的滞后小,反应较灵敏,传动平稳。气压传动虽易得到较大速度(1 m/s以上),但空气黏性比较低,传动冲击较大,不利于精确定位。

3)输出力和运动速度控制较容易

输出力和运动速度在一定的油缸结构尺寸下,主要取决于油液的压力和流量,通过调节相应的压力和流量控制阀,能比较方便地控制输出功率。

4)可达到较高的定位精度

目前一般液压机器人,在速度低于100 mm/s抓较轻的物品时,采用适宜的缓冲措施和定位方式,定位精度可达±1～±0.002 mm,若采用电液伺服系统控制,不仅定位精度高,而且可连续任意定位,适用于高速、重载荷的通用机器人。

5) 系统的泄漏难以避免

液压系统的泄漏难以避免,影响工作效率和系统的工作性能。工作精度越高,对密封装置和配合制动精度要求就越高。

油液的黏度对温度的变化很敏感,当温度升高时,油的黏度即显著降低,油液黏度的变化直接影响液压系统的性能和泄漏量。另外,在高温条件下工作时,必须注意油液着火等危险。

二、气动驱动

气动驱动机器人是指以压缩空气为动力源驱动的机器人。

1. 气动驱动系统的组成

1) 气源系统

压缩空气是保证气动系统正常工作的动力源。一般工厂均设有压缩空气站。压缩空气站的设备主要是空气压缩机和气源净化辅助设备。

压缩空气为什么要经过净化呢? 这是因为压缩空气中含有水汽、油气和灰尘,这些杂质如果被直接带入储气罐、管道及气动元件和装置中,就会引起腐蚀、磨损、阻塞等一系列问题,从而造成气动系统效率和寿命降低、控制失灵等严重后果。

2) 气源净化辅助设备

气源净化辅助设备有后冷却器、油水分离器、储气罐、过滤器等。

(1) 后冷却器:安装在空气压缩机出口处的管道上,它的作用是使压缩空气降温,因为一般的工作压力为 0.8 MPa 的空气压缩机排气温度高达 140~170 ℃,压缩空气中所含的水和油(气缸润滑油混入压缩空气)均为气态。经后冷却器降温至 40~50 ℃后,水汽和油气凝聚成水滴和油滴,再经油水分离器析出。

(2) 油水分离器:其功能是将水、油分离出去。

(3) 储气罐:存储较大量的压缩空气,以供给气动装置连续的和稳定的压缩空气,并可减少由于气流脉动所造成的管道振动。

(4) 过滤器:空气过滤的目的是得到纯净而干燥的压缩空气能源。一般气动控制元件对空气的过滤要求比较严格,常采用简易过滤器过滤后,再经分水滤汽器二次过滤。

3) 气动执行机构

气动执行机构有气缸、气动马达(或气马达)。

(1) 气缸:将压缩空气的压力能转换为机械能的一种能量转换装置。它可以输出力,驱动工作部分做直线往复运动或往复摆动。

(2) 气动马达:把压缩空气的压力能转变为机械能的能量转换装置。它输出力矩,驱动机构做回转运动。

气动马达和油马达都具有能长时间满载工作,温升很小,输送系统安全,价格便宜,以及可以瞬间升到全速等优点。

气动马达适应的工作范围较广,其功率范围为几分之一千瓦到几十千瓦,转速范围为每分钟从 0 到几万转。适用于无级调速、经常变向转动、高温、潮湿、防爆等工作场合。

4) 空气控制阀和气动逻辑元件

空气控制阀是气动控制元件,它的作用是控制和调节气路系统中压缩空气的压力、流量和方向,从而保证气动执行机构能按规定的程序正常地进行工作。

空气控制阀有压力控制阀、流量控制阀和方向控制阀等三类。

气动逻辑元件是通过可动部件的动作,进行元件切换而实现逻辑功能的。电器元件应用在自动控制系统中具有很多优点,但是,在工作次数极为频繁的场合中,电磁阀或继电器的寿命不易满足要求,电火花会引起爆炸或火灾。因此发展出一条全气动控制系统,这为气动逻辑元件的自动控制系统提供了一条既简单、经济,又可靠和寿命长的新途径。

2.气动驱动系统的优点

(1) 空气取之不尽,用过之后排入大气,不需回收和处理,不污染环境,偶然出现少量的泄漏,也不至于对生产发生严重的影响。

(2) 空气的黏度很小,管路中压力损失也就很小(一般气路阻力损失不到油路阻力损失的千分之一),便于远距离输送。

(3) 压缩空气的工作压力较低,因此对气动元件的材质和制造精度要求可以降低。一般说来,往复运动推力在 $10\sim20$ kN 以下的采用气动驱动经济性较好。

(4) 与液压传动相比,它的动作和反应都较快,这是气动的突出优点之一。

(5) 空气介质清洁,不会变质,管路不易堵塞。

(6) 可安全地应用在易燃、易爆和粉尘大的场合,又便于实现过载自动保护。

3.气动驱动系统的缺点

(1) 气控信号比电子和光学控制信号,其速度慢得多,它不能用在信号传递速度要求高的场合。

(2) 空气的可压缩性,致使气动工作的稳定性差,因而造成执行机构运动速度和定位精度不易控制。

(3) 由于使用气压较低,因此其输出力不可能太大,要增加输出力,整个气动系统的结构尺寸就要加大。

(4) 气动的效率较低,空气压缩机的效率仅为 55%,这是由于压缩空气用过之后排空会损失一部分能量。

三、电动驱动

电动驱动(电气驱动)是利用各种电动机产生的力或力矩,直接或经过减速机构去驱动机器人的关节,以获得所要求的位置、速度和加速度的驱动方法。电动驱动包括驱动器和电动机。对于电动驱动,第一个要解决的问题是,如何让电动机根据要求转动。一般来说,有专门的控制卡和控制芯片来进行控制。将微控制器和控制卡连接起来,就可以用程序来控制电动机。第二个要解决的问题是,控制电动机的速度,这主要表现在机器人或者手臂的实际运动速度上。机器人运动的快慢全靠电动机的转速,因此,需要控制卡对电动机的速度进行控制。

1.驱动器

现在一般都利用交流伺服驱动器来驱动电动机。伺服驱动器一般分为两种结构:集成式和分离式。

使用驱动器驱动电动机的优点如下。

① 调整范围宽。

② 定位精度高。

③ 有足够的传动刚度和高的速度稳定性。

④ 快速响应,无超调。

为了保证生产效率和加工质量,除了要求有较高的定位精度外,还要求有良好的快速响应特性,即要求跟踪指令信号的响应要快,因为系统在启动、制动时,要求加、减加速度足够大,缩短进给系统的过渡过程时间,减小轮廓过渡误差。

⑤ 低速大转矩,过载能力强。一般来说,伺服驱动器具有数分钟甚至半小时内 1.5 倍以上的过载能力,在短时间内可以过载 4～6 倍而不损坏。

⑥ 可靠性高。要求数控机床的进给驱动系统可靠性高、工作稳定性好,具有较强的温度、湿度、振动等环境适应能力和很强的抗干扰的能力。

2.电动机

电动机是机器人电气驱动系统中的执行元件。

常用的电动机有直流伺服电动机、交流伺服电动机和步进电动机等。

1) 直流伺服电动机

直流伺服电动机是最普通的电动机,速度控制相对比较简单。直流电动机最大的问题是没法精确控制电动机转动的转数,也就是位置控制。必须加上一个编码盘进行反馈,来获得实际转动的转数。普通交、直流电动机驱动需加减速装置,输出力矩大,但控制性能差,惯性大,适用于中型或重型机器人。

在 20 世纪 80 年代以前,机器人广泛采用永磁式直流伺服电动机作为执行机构,近年来,直流伺服电动机受到无刷电动机的挑战和冲击,但在中小功率的系统中,永磁式直流伺服电动机还是常常使用的。

直流电动机在结构上存在机械换向器和电刷,使它具有一些难以克服的固有缺点,如维护困难,寿命短,转速低(通常低于 2000 r/min),功率体积比不高等。将直流电动机的定子和转子互换位置,形成无刷电动机。转子由永磁铁组成,定子绕有通电线圈,并安装用于检测转子位置的霍尔元件、光码盘或旋转编码器。无刷电动机的检测元件检测转子的位置,决定电流的换向。

无刷直流电动机在运行过程中要进行转速和换向两种控制,控制提供给定子线圈的电流,就可以控制转子的转速:在转子到达指定位置时,霍尔元件检测到该位置并改变定子导通相,实现定子磁场改变,从而实现无接触换向。同直流电动机相比,无刷电动机具有以下优点。

(1) 无刷电动机没有电刷,不需要定期维护,可靠性更高。

(2) 没有机械换向装置,因而它有更高转速。

(3) 克服大电流在机械式换向器换向时易产生火花,电蚀,因而可以制造更大容量的电动机。

无刷电动机分为无刷直流电机和无刷交流电机(交流伺服电动机)。

无刷直流电动机迅速推广应用的重要因素之一是近十多年来大功率集成电路的技术进步,特别是无刷直流电动机专用的控制集成电路出现,缓解了良好控制性能和昂贵成本的矛盾。

近年来,在机器人中,交流伺服电动机正在取代传统的直流伺服电动机。交流伺服电动机的发展速度取决于 PWM 控制技术,高速运算芯片(如 DSP)和先进的控制理论,如矢量控制,直接转矩控制等。电动机控制系统通过引入微处理芯片实现模拟控制向数字控制的转变,数字控制系统促进了各种现代控制理论的应用,非线性解耦控制,人工神经网络,自适应控制、模糊控制等控制策略纷纷引入电动机控制中,由于微处理器的处理速度和存储容量都有大幅度的提高,一些复杂的算法也能实现,原来由硬件实现的任务现在通过算法实现,不仅提高了可靠度,还降低了成本。

2) 步进电动机

步进电动机输出力矩相对小,控制性能好,可实现速度和位置的精确控制,适用于中小型机器人。

步进电动机是一种将电脉冲信号转换成相应的角位移或直线位移的数字模拟装置。步进电动机有旋转式步进电动机和直线式步进电动机等两类,对于旋转式步进电动机而言,每当输入一个电脉冲,步进电动机输出轴就转动一定角度,如果不断地输入电脉冲信号,步进电动机就一步步地转动,且步进电动机转过的角度与输入脉冲个数严格成比例关系,能方便地实现正、反转控制及调速和定位。步进电动机不同于通用的直流或交流电动机,它必须与驱动器和直流电源组成系统才能工作,通常所说的步进电动机,一般是指步进电动机和驱动器的成套装置,步进电动机的性能在很大程度取决于矩-频特性,而矩-频特性又和驱动器的性能密切相关。

驱动器分为脉冲分配器和功率放大器等两类。

脉冲分配器是根据指令把脉冲信号按一定的逻辑关系加到功率放大器上,使各相绕组按一定的顺序和时间导通和切断,并根据指令使电动机正转、反转,实现确定的运行方式的装置。

步进电动机经常应用于开环控制系统,其特点如下。

(1)输出角与输入脉冲严格成比例,且在时间上同步。步进电动机的步距角不受各种干涉因素(如电压的大小、电流的数值、波形)等影响,转子的速度主要取决于脉冲信号的频率,总的位移量则取决于总脉冲数。

(2)容易实现正反转和启、停控制,启停时间短。

(3)输出转角的精度高,无积累误差。步进电动机实际步距角与理论步距角总有一定的误差,且误差可以累加,但在步进电动机转过一周后,总的误差又回到零。

(4)直接用数字信号控制,与计算机连接方便。

(5)维修方便,寿命长。

3)交流伺服电动机

交流伺服电动机(见图 4-6)一般用于闭环控制系统,而步进电动机主要用于开环控制系统,一般用于速度和位置精度要求不高的场合。

交流伺服电动机的转子是永磁的,线圈绕在定子上,没有电刷。线圈中通交变电流,转子上装有码盘传感器,检测转子所处的位置,根据转子的位置,控制通电方向。由于线圈绕在定子上,可以通过外壳散热,可做成大功率电动机。没有电刷,免维护,是目前在机器人上应用最多的电动机。

图 4-6 交流伺服电动机

和步进电动机相比,交流伺服电动机有以下优点。

(1)实现了位置、速度和力矩的闭环控制,克服了步进电动机失步问题。

(2)高速性能好,一般额定转速能达到 2000～3000 r/min。

(3)抗过载能力强,能承受 3 倍于额定转矩的负载,对于有瞬间负载波动和要求快速启动的场合特别适用。

(4)低速运行平稳,低速运行时不会产生类似于步进电动机的步进运行现象。

(5)电动机加减速的动态响应时间短,一般在几十毫秒之内。

(6)发热和噪声明显降低。

3.制动器

许多机器人的机械臂都需要在各关节处安装制动器,其作用是:在机器人停止工作时,保持机械臂的位置不变,在电源发生故障时,保护机械臂和它周围的物体不发生碰撞。

例如,机器人中的齿轮、谐波齿轮和滚珠丝杠等元件的质量大,一般其摩擦力都很小,在驱动器停止工作的时候,它们是不能承受负载的。如果不采用如制动器、加紧器或止挡等装置,一旦电源关闭,机器人的各个部件就会在重力的作用下滑落。

制动器通常是按失效抱闸方式工作的,即要放松制动器就必须接通电源,否则,各关节不能产生相对运动。它的主要目的是,在电源出现故障时起保护作用。其缺点是,在工作期间要不断花费电力使制动器放松。为了使关节定位准确,制动器必须有足够的定位精度,制动器应当尽可能地放在系统的驱动输入端,这样利用传动链,能够减小制动器的轻微滑动所引起的系统移动,保证在承载条件下具有要求的定位精度。

4. 减速机

目前,机器人普遍采用交流伺服电动机驱动,为了提高控制精度,增大驱动力矩,一般均需配置减速机。

重要的两种减速器

项目拓展与提高

六轴工业机器人控制器介绍

人机交互系统

一、特点

1. 多任务功能

一台机器人可进行多个任务的操作。

2. 网络功能

具有丰富的网络通信功能:RS-232、RS-485、以太网通信功能;机器人动作与通信并行处理,无通信时间的浪费,生产效率更高。

3. 操作历史记录功能

可记录机器人的工作情况,以便机器人的管理和维护。

4. 海量存储

大容量存储器可存储更多的程序和更多的历史使用信息。

5. 用户接口丰富

具有鼠标、键盘、显示器和 USB 接口,如图 4-7 所示。控制器可作为一台计算机使用,方便用户操作。

6. 两种操作方式

(1) 使用手编器操作机器人。

(2) 直接在机器人控制器上外接鼠标、键盘、显示器,通过鼠标和键盘来控制机器人。

图 4-7 六轴工业机器人控制器

7. 扩展功能强

具有 PC104 和 PC104+总线,可任意扩展 PC104 总线设备。

8. 维护升级成本低

采用标准的总线接口,降低了系统以及配件的维护和升级成本。

二、主要项目及规格

主要项目如表 4-1 所示。

表 4-1　六轴工业机器人(ADT-RCA6EA)主要项目及规格

项　目		规　格		
轴控制	控制轴数	六轴		
	驱动方式	全轴全部数字 AC 伺服		
	位置检测方式	伺服编码器(增量式、绝对式)		
	控制方式	PTP、直线插补、圆弧插补		
	坐标系	关节坐标系、直角坐标系		
	位置单位设定	脉冲、度、毫米		
	原点	相对位置控制方式(需归原点),完全绝对位置控制方式(不需要归原点)		
主控单元	CPU 频率	500～800 MHz		
	操作系统	Windows 2000/Windows XP		
	扩展总线	PCI/PC104(＋)		
编程	编程语言	VB 开发语言		
	多任务	最多 3 个任务		
	逻辑程序	1 个程序		
	存储容量	2～4 GB		
	存储装置	DOM		
	点位数	＞10000 点(用户可设定点数),手动数据输入(坐标值输入)		
	示教方式	直角坐标示教、离线示教(从外部进行数据输入)		
	控制方式	控制器控制、手编器控制		
外部输入/输出	标准 IO	IO 输入	21 点	
		IO 输出	16 点	
	安全 IO	紧急停止	8 点	
		手动模式	1 点	
	用户 IO	输入	7 点	
		输出	16 点	
	外部通信	串口	1 个 RS-232	
			1 个 RS-232/422/485	
		以太网	1×10/100 Mb/s	
	操作接口	键盘接口	1	
		鼠标接口	1	
		VGA 接口	1	
		USB(2.0)	2	

项　　目			规　　格
基本规格	外形尺寸		
	质量		
	电缆长度	本体	3 m,6 m,12 m(标准/防溅规格)
		IO 电缆	选件 8 m,15 m
		电源电缆	3 m
应用规格	使用电源		单相 AC 220～230 V±10％以内,50～60 Hz
	使用温度		0～40°
	使用湿度		90％RH 以下(无结露)
	保存温度		−10～65 ℃
选项	轴控制板		PC104 总线
	IO 板		数字 IO/模拟 IO
	通信板		以太网、CAN 总线、ProfiBus 总线
	视觉系统		模拟相机/数字相机
	编程装置		手编器

实训项目六　认识工业机器人控制系统

实训目的

(1) 认识工业机器人电控系统组成。

(2) 理解工业机器人电控系统各部分的功能。

实训设备

六轴工业机器人电控设备一套。

实训课时

4 课时。

实训内容

1.认识工业机器人电控系统

机器人电控结构包括伺服系统、控制系统、主控制部分、变压器、示教系统与动力通信电缆等。机器人电控柜内部视图如图 4-8 所示。

1)认识电控柜面板按钮

电控柜前面板如图 4-9 所示。

① 紧急停止按钮:机器人出现意外故障时需要紧急停止时按下按钮,可以使机器人紧急停止。

② 电源指示:通过电源指示灯可以观察控制柜有没有上电,若亮表示控制柜已正常上电,若没亮则表示控制柜没有上电。

③ 报警指示灯:当机器人有异常情况报警时,此报警灯亮。

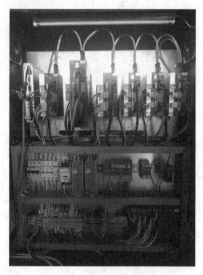

图 4-8　机器人电控柜内部视图

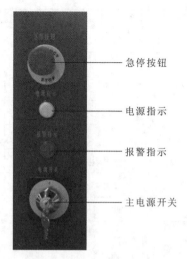

急停按钮

电源指示

报警指示

主电源开关

图 4-9　电控柜前面板按钮

④ 主电源开关：机器人电柜与外部 380 V 电源接通，打开时变压器输出得电。

2）认识电柜内元件示教器

示教器如图 4-10 所示。

① 示教器急停：与电柜前面板急停，功能相同，用于机器人的紧急停止。

② 模式选择开关：选择机器人运行模式。

模式选择开关　　急停按钮

图 4-10　示教器

2. 机器人控制系统硬件

机器人控制系统如图 4-11 所示，硬件有 IPC 模块、IO 模块、伺服驱动器。

IPC　　　　IO模块　　伺服驱动器

图 4-11　控制系统

示教器与 IPC 控制器接口连线如图 4-12 所示,控制系统功能如下。

① IPC 模块:控制器,作为整个机器人的大脑。

② I/O 模块:有 48 个输入口,32 个输出口,4 个 A/D,4 个 D/A。

③ 伺服驱动器:用来控制伺服电机的一种控制器。

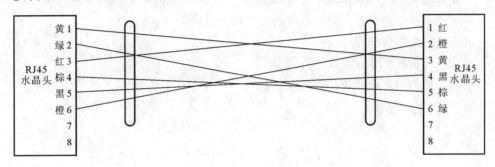

图 4-12　示教器与 IPC 控制器接口连线

项 目 小 结

本项目主要介绍工业机器人的控制系统与驱动系统,重点掌握工业机器人控制系统的组成、功能、分类、控制方式及驱动方式,理解工业机器控制系统和驱动系统的工作原理。

思考与练习

一、填空题

1. 工业机器人的控制系统可分为两大部分:一部分是_____;另一部分是_____。

2. 工业机器人的主要功能有:_____功能和_____功能。

3. 示教编程一般可分为_____编程和_____编程两种方式。

4. 机器人控制系统按其控制方式可分为三类:_____控制系统、_____控制系统和_____控制系统。

5. 机器人关节的驱动方式有_____、_____和_____。

6. 空气控制阀有_____控制阀、_____控制阀和_____控制阀三类。

二、选择题

1. 工业机器人的控制方式根据作业任务不同,主要分为(　　)。

    A. 点位控制方式　　　　　　　　　　B. 连续轨迹控制方式

    C. 力矩控制方式　　　　　　　　　　D. 智能控制方式

2. 液压系统主要由(　　)组成。

    A. 油泵　　　　　　　　　　　　　　B. 液动机

    C. 控制调节装置　　　　　　　　　　D. 辅助装置

3. 气动驱动系统由(　　)组成。

    A. 气源系统　　　　　　　　　　　　B. 气源净化辅助设备

    C. 气动执行机构　　　　　　　　　　D. 空气控制阀和气动逻辑元件

三、简答题

1. 手把手示教编程具体的方法是什么？

2. 示教器示教编程方式是如何操作的？

3. 工业机器人关节运动控制有哪些步骤？

4. 一个完整的工业机器人控制系统由哪些部分组成？

5. 液压系统由哪些部分组成？

6. 气动系统由哪些部分组成？

7. 电动驱动的工作原理是什么？

项目五　工业机器人的手动操作

从项目四的学习中，我们了解到工业机器人控制系统的组成及工作原理，知道了控制系统的主要功能是根据输入的信号进行分析判断，并向其他设备发出工作指令，它的核心在于计算机控制和示教器编程，本项目重点讲述利用示教器手动操作机器人的一些知识。

项目目标要求

知识目标
- 掌握机器人示教器的按键操作及运用。
- 掌握机器人的手动倍率修调，掌握工具坐标系和基坐标系的选择。
- 认识工业机器人的坐标系。

能力目标
- 能利用示教器进行与轴相关的移动。
- 能利用示教器按笛卡儿坐标系移动工业机器人。
- 能按照增量式手动模式移动机器人及附加轴。
- 能根据需求正确测量基坐标系和工具坐标系。

情感目标
- 培养学生热爱机器人事业，献身机器人科学研究的精神。

任务一　工业机器人的手动操作

HSR-JR612 工业机器人控制系统主要由机器人控制器与 HSpad 机器人示教器以及运行在这两种设备上的软件组成。机器人控制器一般安装于机器人电柜内部，控制机器人的伺服驱动、输入输出等主要执行设备；机器人示教器一般通过电缆连接到机器人电柜上，作为上位机通过以太网接口与控制器进行通信。借助 HSpad 示教器，用户可以实现 HSR-JR612 系统的主要控制功能：手动控制机器人运动；机器人程序示教编程；机器人程序自动运行；机器人运行状态监视；机器人系统参数设置。

任务说明

本任务主要介绍 HSR-JR612 工业机器人的手动操作。涉及的内容有工业机器人的典型机械结构、HSpad 操作界面和状态栏、调用主菜单、切换运行模式、倍率设置、工具坐标系和基坐标系选择及相关机器的人手动操作等。

活动步骤

（1）教师通过多媒体展示工业机器人的典型结构和示教器的组成，并分析示教器上各按键的作用，讲述 HSR-JR612 工业机器人的机械单元、HSpad 操作界面、状态栏、调用主菜单、切换运行模式、倍率设置、工具坐标系和基坐标系选择及相关手动操作。

（2）学生查阅有关 HSR-JR612 工业机器人手动操作的资料。

（3）分组讨论并思考如下问题。

① HSR-JR612 六轴工业机器人的 6 个关节的作用是什么？

② 工业机器人示教器的功能是什么？

③ 机器人机械单元的主要功能是什么？

④ 机器人坐标系有哪几种？如何修改坐标模式？

⑤ 运动模式有哪几种？

⑥ 如何设置运行倍率？

⑦ 关节坐标和笛卡儿坐标系有什么区别？

⑧ 手动操作机器人如何选择坐标系？

任务知识

一、工业机器人的典型机械结构

用户在操作机器人之前，需要了解工业机器人基本结构与运动形式，并掌握 HSR-JR612 工业机器人控制系统对机器人关节正方向、关节参考点、基坐标系与手腕中心点的定义。如图 5-1 所示为一典型的六轴工业机器人，J1、J2、J3 为定位关节，机器人手腕的位置主要由这 3 个关节决定；J4、J5、J6 为定向关节，主要用于改变手腕姿态。

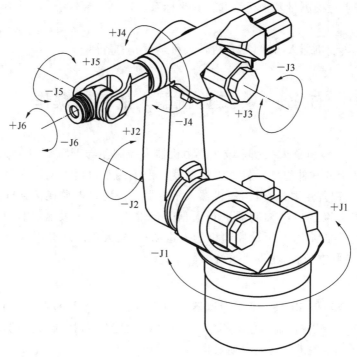

图 5-1　典型的六轴工业机器人

　　HSR-JR612 机器控制系统对各关节正方向的定义如图 5-2 所示。可以简单地记为 J2、J3、J5 关节以"抬起/后仰"为正,"降下/前倾"为负;J1、J4、J6 关节满足"右手定则",即拇指沿关节轴线指向机器人末端,则其他四指方向为关节正方向。

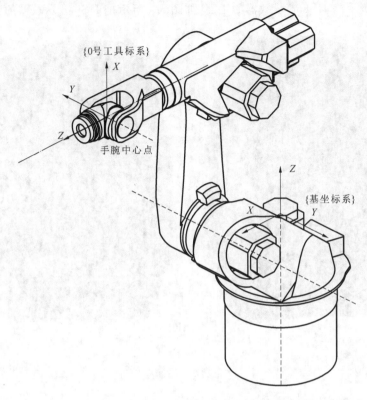

图 5-2　工业机器人参考坐标系

　　HSR-JR612 工业机器人控制系统采用标准 D-H 法则定义机器人坐标系,即 J1 与 J2 关节轴线的公垂线在 J1 关节轴线上的交点为基坐标系原点,J4、J5、J6 关节轴线共同的交点为手腕中心点,0 号工具坐标系原点位于该点,坐标系各轴的方向如图 5-2 所示。HSR-JR612工业机器人控制系统定义在该位置下 J1~J6 角度分别为 0°、−90°、180°、0°、90°、0°。

二、HSpad 示教器

1.示教器的功能

　　示教器提供一些操作键、按钮、开关等,为用户编制程序、设定变量时提供一个良好的操作环境。示教器既是输入设备,也是输出显示设备,同时还是机器人示教的人机交互接口。示教器的主要功能如下。

HSpad 的主要特点

　　(1)手动操作机器人;

　　(2)位置、命令的登录和编辑;

　　(3)示教轨迹的确认。

2. HSpad 示教器的外观

不同的机器人其示教器也不一样,下面以 HSpad 示教器为例介绍示教器各个按键的功能和作用。

如图 5-3 所示是 HSpad 示教器的正面,如图 5-4 所示是 HSpad 示教器的背面。

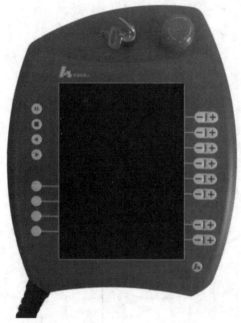 

图 5-3　HSpad 示教器的正面　　　　　图 5-4　HSpad 示教器的背面

HSpad 示教器结构特点如下。

① 采用触摸屏+周边按键的操作方式;

② 拥有 8 in 触摸屏;

③ 设有多组按键、急停开关、钥匙开关、三段式安全开关;

④ 设有 USB 接口。

3. HSpad 软件

HSpad 软件包括华数机器人示教软件和工艺包。HSR-JR612 工业机器人控制系统上电后,示教器载入应用程序,显示如图 5-5 所示的提示信息。如果开机后示教器左下角网络连接状态一直显示为红色,则要检查示教器通信线缆是否正确连接。示教器完成与控制器的数据同步之后,左下角网络连接状态显示为绿色。

用户通过对菜单操作树的操作,来完成对机器人的所有操作,包括参数设置、示教、文件管理、寄存器设置、IO 查看与操作等。

三、HSpad 操作界面和状态栏

1. HSpad 操作界面

HSpad 的操作界面如图 5-6 所示,界面中标签项的功能说明如表 5-1 所示。

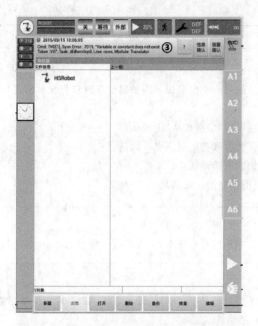

图 5-5　HSpad 机器人示教器开机界面

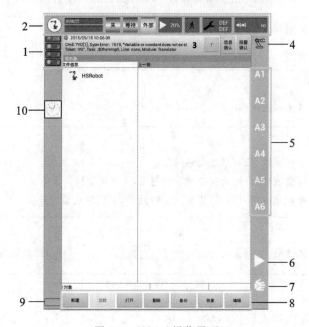

图 5-6　HSpad 操作界面

表 5-1　操作界面标签项的功能说明

序号	功 能 说 明
1	信息提示计数器 信息提示计数器显示每种信息类型各有多少条信息等待处理。触摸信息提示计数器可放大显示
2	状态栏

109

续表

序号	功能说明
3	信息窗口 默认设置为只显示最后一个信息提示。触摸信息窗口可显示信息列表。列表中会显示所有待处理的信息； 可以被确认的信息可用"信息确认"键确认； "信息确认"键确认所有除错误信息以外的信息； "报警确认"键确认所有错误信息； "?"按键可显示当前信息的详细信息
4	坐标系状态 触摸该图标就可以显示所有坐标系，并可进行坐标系选择
5	点动运行指示 如果选择与轴相关的运行，这里将显示轴号（A1、A2 等），如果选择笛卡儿式运行，这里将显示坐标系的方向（X、Y、Z、A、B、C）； 触摸图标会显示运动系统组选择窗口，选择运动系统组后，将显示为相应组所对应的名称
6	自动倍率修调图标
7	手动倍率修调图标
8	操作菜单栏 用于程序文件的相关操作
9	网络状态 红色为网络连接错误，检查网络线路问题； 黄色为网络连接成功，但初始化控制器未完成，无法控制机器人运动； 绿色为网络初始化成功，HSpad 正常连接控制器，可控制机器人运动
10	时钟 时钟可显示系统时间，点击时钟图标就会以数码形式显示系统时间和当前系统的运行时间

2.状态栏

状态栏显示工业机器人设置的状态。多数情况下通过点击图标就可以打开一个窗口，可在打开的窗口中更改设置。状态栏如图 5-7 所示，各项的说明如表 5-2 所示。

图 5-7　状态栏

表 5-2　状态栏各项说明

标签项	说　　明
1	菜单键 功能同菜单按键功能
2	机器人名 显示当前机器人的名称
3	加载程序名称 在加载程序之后,会显示当前加载的程序名
4	使能状态 绿色并且显示"开",表示当前使能打开 红色并且显示"关",表示当前使能关闭 点击可打开使能设置窗口,在自动模式下点击"开/关"可设置使能开关状态。窗口中可显示安全开关的按下状态
5	程序运行状态 自动运行时,显示当前程序的运行状态
6	模式状态显示 模式可以通过钥匙开关设置,模式可设置为手动模式、自动模式、外部模式
7	倍率修调显示 切换模式时会显示当前模式的倍率修调值 触摸会打开设置窗口,可通过加/减键以 1% 的单位进行加减设置,也可通过滑块左右拖动设置
8	程序运行方式状态 在自动运行模式下只能连续运行,手动 T1 和手动 T2 模式下可设置为单步或连续运行 触摸会打开运行方式设置窗口,在手动 T1 和手动 T2 模式下可点击"连续/单步"按钮进行运行方式切换
9	激活基坐标/工具显示 触摸会打开窗口,点击"工具"和"基坐标"选择相应的工具和基坐标进行设置
10	增量模式显示 在手动 T1 或者手动 T2 模式下触摸可打开窗口,点击相应的选项设置增量模式

四、调用主菜单

点击主菜单图标,窗口主菜单打开;再次点击主菜单图标,主菜单关闭。

主菜单窗口如图 5-8 所示。

(1) 左栏中显示主菜单。

(2) 点击一个菜单项将显示其所属的下级菜单。

(3) 如果打开的菜单的层级太多,可能会看不到主菜单栏,多级菜单只显示最小级别的三级菜单。

(4) 左上 Home 键关闭所有打开的下级菜单,只显示主菜单。

（5）在窗口下部区域将显示上一个选择的菜单项（最多 6 个），这样能直接再次选择这些选择过的菜单项，而无须关闭目前打开的下级菜单。

图 5-8　HSpad 主菜单

五、切换运行模式

1. 前提条件

（1）机器人控制器未加载任何程序。

（2）具备连接示教器钥匙开关的钥匙。

注意：在程序已加载或者运行期间，运行方式不可更改。

2. 操作步骤

（1）在 HSpad 上转动钥匙开关，HSpad 界面会显示选择运行模式的界面，如图 5-9所示。

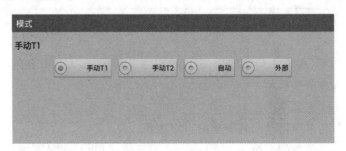

图 5-9　运行模式选择界面

（2）选择需要切换的运行模式。

（3）将钥匙开关再次转回初始位置。

所选的运行模式会显示在 HSpad 主界面的状态栏中。

各运行模式的应用和速度如表 5-3 所示。

表 5-3　运行模式说明

运行模式	应　用	速　度
手动 T1	用于低速测试运行、编程和示教	编程示教： 编程速度最高为 125 mm/s 手动运行： 手动运行速度最高为 125 mm/s
手动 T2	用于高速测试运行、编程和示教	编程示教： 编程速度最高为 250 mm/s 手动运行： 手动运行速度最高为 250 mm/s
自动模式	用于不带外部控制系统的工业机器人	程序运行速度： 程序设置的编程速度 手动运行： 禁止手动运行
外部模式	用于带有外部控制系统的工业机器人	程序运行速度： 程序设置的编程速度 手动运行： 禁止手动运行

六、手动运行机器人

使用示教器右侧点动运行按键可手动操作机器人运动。

手动运行机器人分为 2 种方式。

手动运行

① 笛卡儿式运行。笛卡儿式运行是指 TCP 沿着一个坐标系的正向或反向运行。

② 与轴相关的运行。与轴相关的运行是指每个轴均可以独立地正向或反向运行。机器人轴运行方向如图 5-10所示。

1. 设定手动倍率修调

手动倍率是手动运行模式下机器人的速度，它以百分比表示，以机器人在手动运行时的最大可能速度为基准。手动 T1 为 125 mm/s，手动 T2 为 250 mm/s。如图 5-11 所示为倍率修调界面。

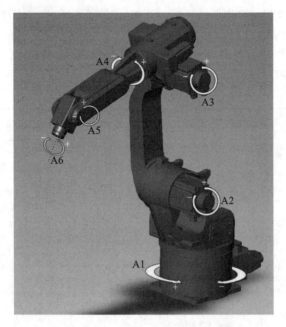

图 5-10　机器人轴运行方向

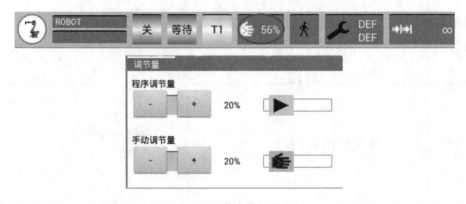

图 5-11　倍率修调界面

操作步骤如下。

（1）触摸倍率修调状态图标，打开倍率调节量窗口，按下相应按钮或者拖动后倍率将被调节。

（2）设定所希望的手动倍率。可通过正/负键或通过调节器进行设定。

正/负键：可以以 100％、75％、50％、30％、10％、3％、1％ 步距进行设定。

调节器：倍率可以以 1％ 步距进行更改。

（3）重新触摸倍率修调状态图标（或触摸窗口外的区域）。窗口关闭并应用所设定的倍率。

注意：① 若当前为手动模式，状态栏只显示手动倍率修调值；若当前模式为自动模式，显示自动倍率修调值。

② 实际速度＝速度（设置）×速度倍率。

除以上两种设定手动倍率的方式外，也可使用示教器右侧的手动倍率正/负按键来设定倍率。可以以 100%、75%、50%、30%、10%、3%、1% 步距进行设定。

2.工具选择和基坐标选择

在机器人控制系统中最多可储存 16 个工具坐标系和 16 个基坐标系。

操作步骤如下。

（1）触摸工具和基坐标系状态图标，打开"激活的基坐标/工具"窗口，如图 5-12 所示。

图 5-12　工具选择和基坐标选择

（2）选择所需的工具和所需的基坐标。

3.用运行键进行与轴相关的移动

用运行键进行与轴相关的移动的前提条件是运行方式为手动 T1 或手动 T2。

操作步骤如下。

（1）选择运行键的坐标系为轴坐标系。运行键旁边会显示 A1～A6 轴，如图 5-13 所示。

（2）设定手动倍率。

（3）按住安全开关，此时使能处于打开状态。

（4）按下正/负运行键，以使机器人轴朝正或反方向运动。

注意：机器人在运动时的轴坐标位置可以通过如下方法显示：选择"主菜单"→"显示"→"实际位置"。若显示的是笛卡儿坐标，可点击右侧"轴相关"按钮进行切换。

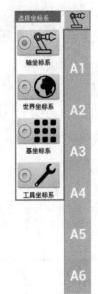

4.用运行键按笛卡儿坐标移动

用运行键按笛卡儿坐标移动的前提条件是运行方式手动为 T1 或手动 T2，工具和基坐标已选定。

操作步骤如下。

（1）选择运行键的坐标系为世界坐标系、基坐标系或工具坐标系。

图 5-13　轴坐标系选择

（2）设定手动倍率。

运行键旁边会显示 X、Y、Z、A、B、C 轴，如图 5-14 所示。

X、Y、Z：用于沿选定坐标系的轴进行线性运动。

A、B、C：用于沿选定坐标系的轴进行旋转运动。

图 5-14　世界坐标系选择

（3）按住安全开关，此时使能处于打开状态。

（4）按下正/负运行键，以使机器人朝正或反方向运动。

注意：机器人在运动时的笛卡儿位置可以通过如下方法显示：选择"主菜单"→"显示"→"实际位置"。第一次默认当前显示的即为笛卡儿坐标位置，若显示的是轴坐标可点击右侧笛卡儿按钮切换。

5.增量式手动运行模式

增量式手动运行模式可以使机器人移动所定义的距离，如10 mm 或 3°，然后机器人自行停止。

应用范围：

① 以同等间距进行点的定位；

② 从一个位置移出所定义距离；

增量单位为 mm，适用于在 X、Y 或 Z 方向的笛卡儿运动。

增量单位为度，适用于在 A、B 或 C 方向的笛卡儿运动和轴相关的运动。

增量式手动运行模式的前提条件是运行方式为手动 T1 或手动 T2。

操作步骤如下。

（1）点击增量状态图标，打开"增量式手动移动"窗口，选择增量移动方式，如图 5-15 所示，增量方式的选择如表 5-4 所示。

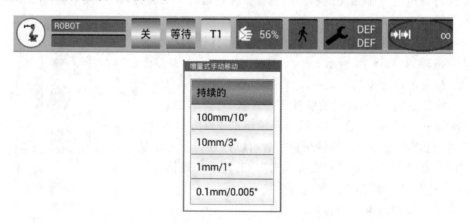

图 5-15　增量式手动移动模式

表 5-4　增量式手动移动模式各项说明

设置	说　　明
持续的	已关闭增量式手动移动
100 mm/10°	1 增量＝100 mm 或 10°
10 mm/3°	1 增量＝10 mm 或 3°
1 mm/1°	1 增量＝1 mm 或 1°
0.1 mm/0.005°	1 增量＝0.1 mm 或 0.005°

（2）用运行键运行机器人。可以采用笛卡儿或与轴相关的模式运行。如果已达到设定的增量，则机器人停止运行。

注意：如果机器人的运动被中断，如因放开了安全开关，则在下一个动作中被中断的增量不会继续，而会从当前位置开始一个新的增量。

6.手动运行附加轴

手动运行附加轴的前提条件是运行方式为手动 T1 或者手动 T2 模式。

操作步骤如下。

（1）点击任意运行键图标，打开"选择轴"窗口，如图 5-16 所示，选择所需的运动系统组，例如"机器人轴"。

运动系统组的可用种类和数量取决于设备配置。配置为"主菜单"→"配置"→"机器人配置"→"机器人信息"中配置。

（2）设定手动倍率。

（3）按住安全开关。在运行键旁边将显示所选择运动系统组的轴。

图 5-16　手动运行附加轴

（4）按下正/负运行键，以使轴朝正方向或反方向运动。

机器人运动系统组如表 5-5 所示。

表 5-5　机器人运动系统

运动系统组	说明
机器人轴	使用运行键可运行机器人轴，附加轴则无法运行
附加轴	使用运行键可以运行所有已配置的附加轴

任务二　认识机器人坐标系

任务说明

坐标系是为确定机器人的位置和姿态而在机器人或空间上进行定义的位置指标系统。坐标系分为关节坐标系和直角坐标系。坐标系的运用对于手动操作机器人及机器人编程都非常关键，因此坐标系也是学习工业机器人操作的非常重要的知识点。本任务主要介绍工业机器人的轴坐标系、世界坐标系、基坐标系和工具坐标系，以及对基坐标系和工具坐标系测量的方法。

活动步骤

（1）教师通过多媒体展示并讲述机器人 HSR-JR612 轴坐标系及直角坐标系。

（2）学生查阅有关工业机器人参考资料。

（3）分组讨论并思考如下问题：

① 工业机器人轴坐标系和直角坐标系有什么区别？各有什么作用？

② 手动操作机器人如何选择合适的坐标系？

③ 如何测量工具坐标系？

④ 如何测量基坐标系？

任务知识

一、关节坐标系

关节坐标系是设定在机器人关节中的坐标系。关节坐标系中机器人的位置和姿态,以各关节底座侧的关节坐标系为基准而确定。

图 5-17 中的关节坐标系的关节值:J1 为 0°,J2 为 −90°,J3 为 180°,J4 为 0°,J5 为 90°,J6 为 0°。

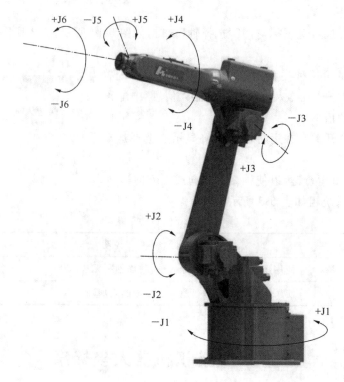

图 5-17　机械本体 6 关节轴

二、直角坐标系

直角坐标系中的机器人的位置和姿态,通过从空间上的直角坐标系原点到工具侧的直角坐标系原点(TCP)的坐标值 x、y、z 和空间上的直角坐标系的相对 X 轴、Y 轴、Z 轴周围的工具侧的直角坐标系的回转角 w、p、r 予以定义。图 5-18 为 w、p、r 的含义。

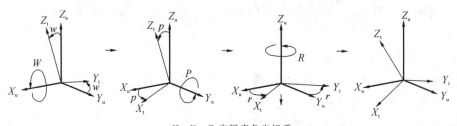

X_u、Y_u、Z_u 空间直角坐标系
X_t、Y_t、Z_t 工具坐标系

图 5-18　w、p、r 示意图

三、世界坐标系

世界坐标系是被固定在空间上的标准直角坐标系,其被固定在由机器人事先确定的位置。基坐标系是基于该坐标系而设定的。它用于位置数据的示教和执行。

四、工具坐标系

工具坐标系是用来定义 TCP 的位置和工具姿态的坐标系。工具坐标系必须事先进行设定。在没有设定的时候,将由默认工具坐标系来替代该坐标系。

机器人直角坐标系如图 5-19 所示。

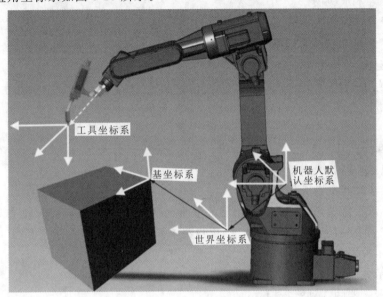

图 5-19　机器人直角坐标系

五、基坐标系

基坐标系是用户对每个作业空间进行定义的直角坐标系。它用于位置寄存器的示教和执行、位置补偿指令的执行等。在没有定义的时候,将由世界坐标系来替代该坐标系。

六、TCP 位姿表示

工业机器人通过工具来操作对象。为描述工具在空间的位姿,在工具上定义一个坐标系,即工具坐标系,而工具坐标系的原点就是 TCP。

在编写机器人轨迹程序时,将工具在其他坐标系(如世界坐标系)中的若干位置 $X/Y/Z$ 和姿态 $A/B/C$ 记录在程序中。当程序执行时,机器人就会让 TCP 按给出的位姿进行运动。

默认情况下,机器人 TCP 即法兰中心点。

在笛卡儿坐标系中,TCP 的位置,就是 TCP 在该坐标系中 X、Y、Z 方向的坐标。需要特别说明的是 TCP 的姿态角,即偏航角(yaw)、俯仰角(pitch)、滚转角(roll),如图 5-20 所示。

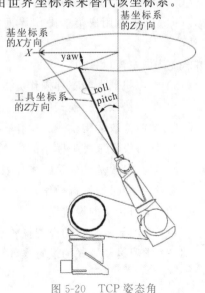

图 5-20　TCP 姿态角

实训项目七　示教器的启动及各参数的设置

实训目的

（1）认识工业机器人的示教器。

（2）熟悉示教器各按键操作。

（3）熟悉基本示教操作。

（4）掌握机器人的坐标模式、运动模式、工具坐标系及基坐标系的知识。

（5）掌握设置机器人的倍率、显示模式、运行模式的方法。

实训设备

六轴机器人一台。

实训课时

2课时。

实训内容

（1）认识示教器。

（2）熟悉示教器按键的作用。

（3）学习示教器的启动，了解示教器的三种运行模式、控制单元组、动作模式、速度倍率、机器人运行的三种状态、信息提示区、用户菜单操作树、主窗口显示区。

①启动示教器。

②运行示教器。

③认识示教器的3种运行模式。

④认识示教器的动作模式。

⑤熟悉机器人速度倍率。

⑥认识机器人的三种运行状态：运行状态、停止状态、暂停状态。

⑦认识机器人示教器的信息提示区。

⑧掌握通过用户菜单操作界面实现对参数、示教功能、文件管理、寄存器进行设置的方法。

⑨认识主窗口界面。

（4）学习机器人的三种操作方式：手动模式、自动模式、外部模式。

（5）学习修改坐标模式的操作。

（6）学习修改运动模式的操作。

（7）学习设置工具坐标系的操作及标定方式。

（8）学习设置基坐标系的操作及标定方式。

（9）学习增量的设置操作。

（10）学习倍率的设置操作。

（11）学习显示模式的设置操作。

（12）学习运动模式的设置操作。

实训项目八　工具坐标系的测量

实训目的

（1）理解工业机器人工具坐标系；

（2）能根据作业任务正确测量工具坐标系；

（3）掌握不同工具坐标系测量的方法。

实训设备

HSR-JR612 六轴机器人实训平台一套。

实训课时

4 课时。

实训内容

利用 HSR-JR612 六轴机器人实训平台一套，选取合适的工具测量工具坐标系。

工具坐标系的标定

实训步骤

1. 4 点法工具坐标标定

将待测量工具的中心点从 4 个不同方向移向一个参照点，如图 5-21 所示，控制系统便可根据这 4 个点计算出 TCP 的值，参照点可以任意选择，运动到参照点所用的 4 个法兰位置须分散开足够的距离。

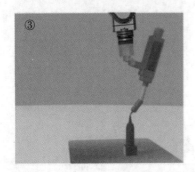
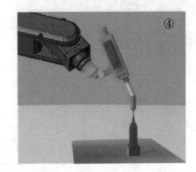

图 5-21　从 4 个方向移向参考点

在菜单中，点击"投入运行"→"测量"→"工具"→"4 点法"。

工具坐标标定时，须使用默认的工具坐标系，即如图 5-22 所示椭圆圈内的值须为 DEF。

图 5-22　工具坐标选定

标定过程如下：

(1) 为待测量的工具输入工具号和工具名，点击"继续"键，如图 5-23 所示。

(2) 用 TCP 移至任意一个参照点，点击"记录"，点击"确定"键。

(3) 将步骤(2)再重复 3 次，参照点不变，方向彼此不同。

(4) 点击"保存"，数据被保存，窗口关闭。

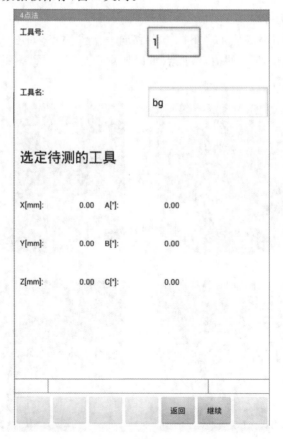

图 5-23　工具坐标的标定

记录四点的位置数据和生成的工具坐标的数据，填于表 5-6 中。

表 5-6　4 点法工具坐标数据

目标点	数据(坐标值)
接近点 1	
接近点 2	
接近点 3	
接近点 4	
工具坐标系	

2. 工具坐标验证步骤

(1)将工具坐标系选为_____；

(2)选择运动模式为_____；

(3)手动运行速度倍率为_____；

(4)手动操作坐标系选择_____；

(5)手动操作机器人运动至_____；

(6)_____。

3. 6 点法工具坐标标定步骤

4 点法标定可以确定工具坐标系的原点,但是如果要确定工具坐标系的 X、Y 方向则须采用 6 点法标定。

在菜单中,点击"投入运行"→"测量"→"工具"→"6 点法",其界面与 4 点法标定基本一致,如图 5-24 所示。

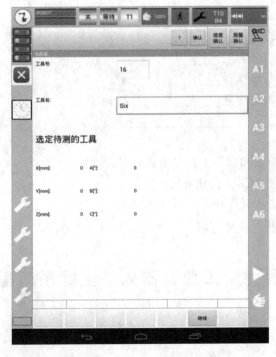

图 5-24　6 点法工具坐标标定

标定过程如下。

(1) 输入工具号和名称,点击"继续"键确认。

(2) 将 TCP 移至任意一个参照点,点击"记录",点击"确定"键确认。

(3) 将步骤(2)再重复 3 次,参照点不变,方向彼此不同。

(4) 移动到标定工具坐标系的 Y 方向的某点,记录坐标。

(5) 移动到标定工具坐标系的 X 方向的某点,记录坐标。

(6) 按下"标定",程序计算出标定坐标。

(7) 点击"保存",数据被保存,窗口关闭。

4. 工具坐标标定

记录 6 点的位置数据和生成的工具坐标系的数据,如表 5-7 所示。

表 5-7　6 点法工具坐标数据

目标点	数据(坐标值)
接近点 1	
接近点 2	
接近点 3	
参考原点	
Z 方向延伸点	
X 方向延伸点	
工具坐标系	

5. 工具坐标验证步骤

(1)将工具坐标系选为_____;

(2)选择运动模式为_____;

(3)手动运行速度倍率为_____;

(4)手动操作坐标系选择_____;

(5)手动操作机器人运动至_____;

(6)_____。

思考与回答

(1)4 点法测量坐标系和默认工具坐标系有何区别?

(2)什么情况下需要使用 4 点法标定?

(3)4 点法和 6 点法测量坐标系的区别是什么?

(4)什么情况下使用 6 点法标定?

实训项目九　工业机器人基坐标系的基本操作

实训目的

(1) 理解工业机器人基坐标系。

(2) 能根据作业任务正确切换坐标系。

（3）能判断基坐标系原点。

（4）能在基坐标系下判断 TCP 运动方向。

（5）能在基坐标系下判断 TCP 位姿并查看 TCP 实际位置。

（6）能运用基坐标系对机器人进行操作及 TCP 位姿验证。

实训设备

HSR-JR612 六轴机器人实训平台一套。

实训课时

4 课时。

实训内容

坐标系是为确定工业机器人的位置和姿态而在工业机器人或空间上进行定义的位置指标系统。工业机器人坐标系分为关节坐标系和直角坐标系。直角坐标系包括基坐标系、工具坐标系和世界坐标系，基坐标系是工业机器人现场示教编程的重要知识点，也是"工业机器人基础"课程的基本知识点。

实训任务

进入机器人工作区时，按照机器人安全操作规程进行操作。

（1）正确开机并解除机器人报警，将运动模式切换为"手动 T1"模式；

（2）利用示教器在轴坐标系下将机器人各轴回原点；

（3）将机器人坐标系切换为基坐标系；

（4）判断机器人基坐标系原点及方向并查看 TCP 当前位置；

（5）在基坐标下沿 $X/Y/Z/A/B/C$ 轴方向手动运行机器人并观察机器人当前位置和姿态；

（6）选择合适坐标系，将机器人 TCP 移动至 A 点，然后在基坐标系下将机器人分别移动到 B、C、D 点（见图 5-25），在基坐标系下记录每点位置数据；

（7）用尺子测量 A、B、C、D 四点之间直线距离，并与四点位置数据进行对比。

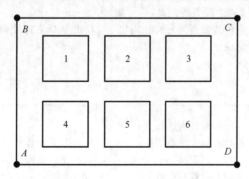

图 5-25　A、B、C、D 四点位置

要求说明

（1）必须按照工业机器人调试安全操作规程进行操作；

（2）设置"手动 T1"运行模式，手动运行倍率设置为 20% 以下，防止出现撞机现象。

实训步骤

实训步骤如表 5-8 所示。

表 5-8　实训步骤

步骤	目标	知识准备	操作工单
1.任务分析	明确基坐标系任务操作要求	工业机器人基坐标系及运行的注意事项；确定机器人 TCP 位姿等知识	任务要求:评分点说明 机器人工作安全注意事项： (1) 机器人控制模式_____ (2) 机器人基坐标系的方向判断_____ (3) 机器人手动操作过程中的节拍速度要求_____
2.开机准备	按照机器人安全操作规程进行操作	学习并牢记工业机器人的安全操作规程	(1) 开机前应做到_____ (2) 开机中应做到_____ (3) 危机情况处理_____
3.手动操作机器人	使机器人回复原点,核查 IO 配置坐标系设定	工业机器人基坐标系和轴坐标系的切换；工业机器人 IO 强制	明确工业机器人机械原点的坐标:_____ 本次任务书中机械夹具辅助按键_____ 夹具吸合 D_OUT[30]为_____ 夹具放松 D_OUT[30]为_____
4.在基坐标系下运动机器人	保持 TCP 姿态示教对点	在基坐标系下以同一姿态对各点进行示教记录,并做标记	将工业机器人坐标系切换为基坐标系,然后依次运动机器人 TCP 至以下 4 点： A 点位置坐标:_____ B 点位置坐标:_____ C 点位置坐标:_____ D 点位置坐标:_____
5.测量	正确测量四点之间距离(mm)	用尺子测量 A、B、C、D 4 点之间直线距离,并与 4 点位置数据进行对比得出结论	A 点至 B 点的距离是在____轴____方向移动____ mm B 点至 C 点的距离是在____轴____方向移动____ mm C 点至 D 点的距离是在____轴____方向移动____ mm D 点至 A 点的距离是在____轴____方向移动____ mm
6.任务效果评价	交流介绍	(1) 语言表达能力； (2) 基坐标系切换； (3) TCP 姿态； (4) 示教对点效率； (5) 各点坐标规律	(1) PPT 制作； (2) 分享交流； (3) 小组分工
	任务鉴定	实施评价	

实训项目十　基坐标系的测量

实训目的

(1) 理解工业机器人基坐标系。

(2) 能根据作业任务正确测量基坐标系。

实训设备

HSR-JR612 六轴机器人实训平台一套。

实训课时

2 课时。

实训内容

利用 HSR-JR612 六轴机器人实训平台一套，选取合适位置测量
基坐标系。

工件坐标系的标定

实训步骤

1.3 点法基坐标系标定步骤

基坐标系标定时须选择默认基坐标作为标定使用的参考坐标，如图 5-26 所示椭圆
圈处。

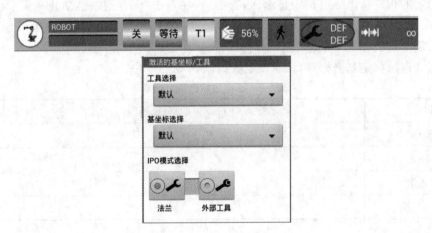

图 5-26　基坐标系标定

按下菜单键，点击"投入运行"→"测量"→"基坐标"→"3 点法"，弹出如图 5-27 所示
界面。

按以下步骤进行 3 点法标定。

(1) 选择待标定的基坐标号，可选设置备注名称。

(2) 手动移动机器人到需要标定的基坐标原点，点击记录笛卡儿坐标，记录原点坐标。

(3) 手动移动到标定基坐标的 Y 方向的某点，点击记录笛卡儿坐标，记录工件 Y 轴正
方向。

(4) 手动移动到标定基坐标的 X 方向的某点，点击记录笛卡儿坐标，记录工件 X 轴正
方向。

(5) 按下"标定"，程序计算出标定坐标。

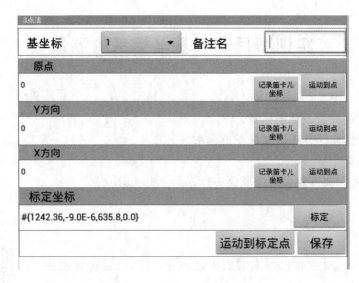

图 5-27　三点法

（6）点击"保存"，存储基坐标的标定值。

（7）标定完成后，点击"运动到标定点"，可移动到标定坐标点。

（8）在菜单中选择"显示"→"变量列表"，选中"BASE 寄存器"，点击右侧"刷新"按钮，可以查看标定的相应基坐标值是否显示、是否准确，在点击"保存"按钮，防止标定后的寄存器坐标丢失。

2. 采用 3 点法标定基坐标系

采用 3 点法标定基坐标系，记录设定数据，填于表 5-9 中。

表 5-9　三点法标定基坐标系

目标点	数据（坐标值）
原点	
X 方向	
Y 方向	
基坐标系	

3. 工具坐标系验证步骤

（1）将基坐标系选为＿＿＿＿＿＿＿＿＿＿；

（2）选择运动模式为＿＿＿＿＿＿＿＿＿＿；

（3）手动运行速度倍率为＿＿＿＿＿＿＿＿＿＿；

（4）手动操作坐标系选择＿＿＿＿＿＿＿＿＿＿；

（5）手动操作机器人运动至＿＿＿＿＿＿＿＿＿＿。

（6）＿＿＿＿＿＿＿＿＿＿＿＿＿＿＿＿＿＿＿＿＿＿；

思考与回答

（1）3 点法测量基坐标系和默认基坐标系有何区别？

（2）什么情况下需要测量基坐标系？

（3）基坐标系测量的意义是什么？

项目拓展与提高

工业机器人示教和运行注意事项

工业机器人是一种仿人操作、自动控制、可重复编程、能在三维空间完成各种作业任务的自动化生产设备,具有动作范围大、运动速度快等特点,这就要求机器人的示教编程、程序编辑、维护保养等操作必须由经过培训的专业人员来实施,并严格遵守机器人的安全操作规程和行业安全作业操作规程。在此给出工业机器人示教和运行时的注意事项。

一、示教和手动机器人时

（1）禁止用力摇晃机械臂及在机械臂上悬挂重物。

（2）示教时请勿戴手套。穿规定的工作服、安全鞋,戴规定的安全帽、保护用具等。

工业机器人的安全知识

（3）未经许可不能擅自进入机器人工作区域。调试人员进入机器人工作区域时,需随身携带示教器,以防他人误操作。

（4）示教前,需仔细确认示教器的安全保护装置如急停按钮、安全开关等是否能够正确工作。

（5）在手动操作机器人时要采用较低的速度倍率以增加对机器人的控制机会。

（6）在按下示教器上的轴操作按钮之前要考虑到机器人的运动趋势。

（7）要预先考虑好避让机器人的运动轨迹,并确认该路径不受干涉。

（8）在察觉到有危险时,立即按下急停按钮,停止机器人运转。

二、自动生产运行时

（1）机器人处于自动模式时,严禁进入机器人本体动作范围。

（2）在运行作业程序前,须知道机器人根据所编程序将要执行的全部任务。

（3）使用由其他系统编制的作业程序时,要先仿真跟踪一遍动作,之后再用机器人运行该程序。

（4）须知道所有能影响机器人移动的开关、传感器和控制信号的位置和状态。

（5）必须知道机器人控制器和外围控制设备上急停按钮的位置,准备在紧急情况下按下该按钮。

（6）永远不要认为机器人没有移动,其程序就已经完成,此时机器人很可能是在等待让它继续移动的输入信号。

项 目 小 结

本项目主要讲述了有关工业机器人手动操作的知识,重点掌握示教器的功能及操作、机械单元、HSpad操作界面、状态栏、调用主菜单、切换运行模式、倍率设置、工具坐标系和基坐标系测量及相关手动操作机器人。

思考与练习

一、填空题

1.示教器提供一些操作键、按钮、开关等,其目的是能够为用户_____、_____时提供一个良好的操作环境,它既是_____,也是_____,同时还是机器人示教的_____。

2.坐标模式有四种,分别为_____、基坐标、_____、工件坐标。

3.运动模式总共有四种,分别为轴1-3,_____、平动、_____。

4.HSR-JR612机器人系统的工具坐标系总共有_____个,从_____到工具15。

5.工具坐标系可以用以下两种方式进行标定:_____,_____。

6.显示模式总共有三种,分别为_____、外部轴、_____。

7.位置显示窗口显示机器人当前的_____。

8.文件管理常见的操作有_____、_____、_____、_____等。

二、选择题

1.示教编程器上安全开关握紧为ON,松开为OFF状态,当握紧力过大时,为(　　)状态。

　A.不变　　　　　　　　B.ON　　　　　　　　C.OFF

2.对机器人进行示教时,模式旋钮调到示教模式后,外部设备发出的启动信号(　　)。

　A.无效　　　　　　　　B.有效　　　　　　　　C.延时后有效

3.试运行是指在不改变示教模式的前提下执行模拟再现动作的功能,机器人动作速度超过示教最高速度时,以(　　)。

　A.程序给定的速度运行

　B.示教最高速度来限制运行

　C.示教最低速度来运行

4.机器人经常使用的程序可以设置为主程序,每台机器人可以设置(　　)主程序。

　A.3个　　　　　　　B.5个　　　　　　　C.1个　　　　　　　D.无限制

5.通常对机器人进行示教编程时,为提高工作效率,要求最初程序点与最终程序点的位置(　　)。

　A.相同　　　　　　　B.不同　　　　　　　C.无所谓　　　　　　D.分离越大越好

6.为了确保安全,用示教编程器手动运行机器人时,机器人的最高速度限制为(　　)。

　A.50 mm/s　　　　　B.250 mm/s　　　　　C.800 mm/s　　　　　D.1600 mm/s

7.在机器人动作范围内示教时,需要遵守的事项有(　　)。

　A.保持从正面观察机器人

　B.遵守操作步骤

　C.考虑机器人突然向自己所处方位运行时的应变方案

　D.确保设置躲避场所,以防万一

8.对机器人进行示教时,示教编程器上手动速度可分为(　　　)。

　　A.高速　　　　　　　　B.微动　　　　　　　　C.低速　　　　　　　　D.中速

9.对机器人进行示教时,为了防止机器人的异常动作给操作人员造成伤害,作业前必须进行的项目检查有(　　　)等。

　　A.机器人外部电缆线外皮有无破损　　　　　　B.机器人有无动作异常

　　C.机器人制动装置是否有效　　　　　　　　　D.机器人紧急停止装置是否有效

三、简答题

1.如何设置倍率?

2.如何设置运动模式?

3.如何设置显示模式?

4.简述基坐标系三点标定的操作步骤。

5.如何测量工具坐标系?

6.如何进行程序示教?

项目六 HSR-JR612 机器人指令基础

机器人控制系统的主要工作思路是由人来决定的,将人的思维通过指令编写成程序(在这里是示教程序)输入机器人控制系统,机器人才能完成自动控制操作,本项目我们就重点学习 HSR-JR612 机器人的指令系统。

项目目标要求

知识目标

- 掌握 HSR-JR612 型机器人程序示教与调试方法。
- 掌握 HSR-JR612 型机器人程序结构与变量。
- 掌握运动指令的动作类型、指令语法、指令参数、运动参数等。
- 掌握条件指令中的运算符、指令格式及功能。
- 掌握流程控制指令的指令格式及功能。
- 掌握延时指令的指令格式及功能。
- 掌握循环指令语法及功能。
- 掌握 I/O 指令的操作类型、格式及功能。
- 掌握速度指令格式及功能。
- 掌握寄存器指令的分类、指令格式及功能。

能力目标

- 掌握使用各种指令进行编程示教的方法。

情感目标

- 培养学生热爱机器人事业、引导学生编写机器人示教程序,献身于祖国的机器人发展事业中。

任务一 程序示教与调试

任务说明

机器人作为一个智能制造单元,其智能性在于可编程。因此了解和掌握机器人的编程知识,对项目的顺利实施和发挥机器人的性能具有重要而实在的意义。华数机器人编程灵活开放,能为客户提供多种解决方案。

活动步骤

（1）教师通过多媒体展示 HSR-JR612 工业机器人的程序示教过程，并讲述 HSR-JR612 工业机器人程序新建、指令插入、更改指令、保存当前位置、运动到点、手动单步调试、检查和排除程序错误信息、程序备份与恢复。

（2）学生查阅与 HSR-JR612 工业机器人示教编程有关的资料。

（3）分组讨论并思考以下问题。

① HSR-JR612 工业机器人示教编程的步骤？

② HSR-JR612 工业机器人运动到点有哪两种类型？

③ HSR-JR612 工业机器人程序如何备份与恢复？

任务知识

一、新建机器人程序

点击示教器软件左下方"新建"，默认选择新建类型为"程序"，输入程序名，如图 6-1 所示，点击"确定"即可。注意：程序名须为字母、数字、下划线的形式，不能包含中文。

程序的新建与编辑

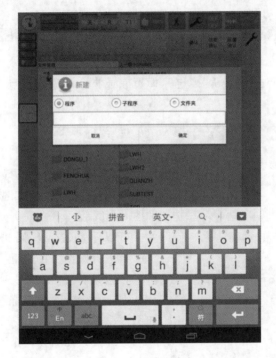

图 6-1 新建程序

子程序通常在同一个程序下即可以编写保存，在子程序较多，且需要跨文件共享的时候，可以新建子程序，这样将生成 LIB 库文件，其属性为全局属性，可以为任意一个程序调用。子程序命名也只能采用字母、数字、下划线的形式，且子程序名不能含有字母 J（有的系统版本存在含有字母 J 的子程序加载不了的问题）。

二、插入指令

打开一个新建的程序，如图 6-2 所示。

选择需要在其后添加指令的一行。例如，需要在第 13 行添加指令，则点击第 12 行，随后点击下方工具栏的"指令",将弹出菜单以供选择。在这里,我们选择"运动指令"中的"MOVE",如图 6-3 所示。

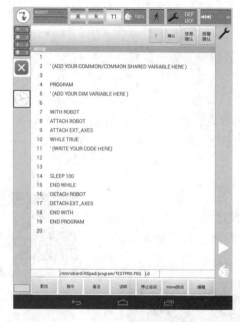

图 6-2　打开程序

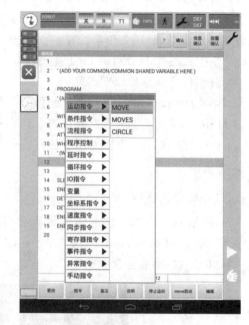

图 6-3　添加指令

数据添加完成后,点击右下角"确定",即可完成指令的添加。点击左下角的"取消",则会放弃添加的操作。

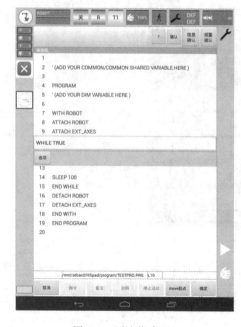

图 6-4　更改指令(1)

三、更改指令

选择需要更改的一行指令,点击下方工具栏的"更改",即可开始对该行指令修改。以第 10 行的 WHILE TRUE 为例,选择该行,点击"更改",如图 6-4 所示。

可以手动输入代码进行修改,也可以点击"选项"进行操作。在这里,点击"选项"。

希望条件由 TRUE 变为 IR[1]=1,选中TRUE 一栏,点击"修改条件",按需进行操作,如图 6-5、图 6-6 所示。

最终效果如图 6-7 所示。

四、保存当前位置到运动指令

以前文所述 MOVE 指令为例,选中该行,点击"更改",弹出的界面与添加 MOVE 指令时基本一致,如图 6-8 所示。

可以看到有"记录关节""记录笛卡儿"选项。点击"记录关节"选项,则记录机器人当前点的各个关节坐标,并保存到 P1 点中;点击"记录笛卡儿"选项,则记录机器人当前 TCP 点在当前笛卡儿坐标系下的坐标值并保存到 P1点中。

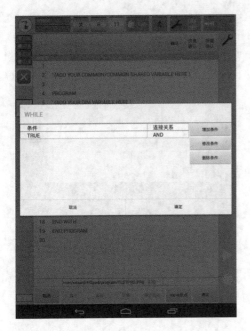

图 6-5　更改指令(2)

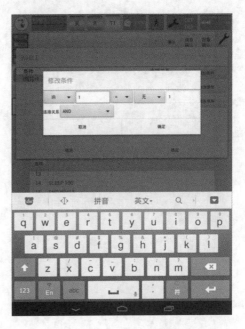

图 6-6　更改指令(3)

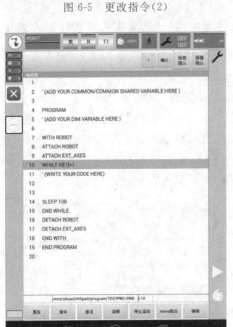

图 6-7　更改指令(4)

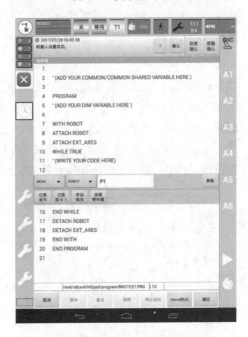

图 6-8　保存当前位置到运动指令(1)

　　P1、P2、P3 等是用于保存位置的变量名,为防止误更改,系统将这些变量存放在文件名和程序名相同,但后缀为 .dat 的文件中,用户在示教器权限为 normal 级别时不可见。在备份程序时,示教器将同时自动备份 .dat 文件。

　　点击"记录关节",数据将在右侧显示,如图 6-9 所示。

　　可以点击"手动修改"对保存的数据进行修改,如图 6-10 所示。

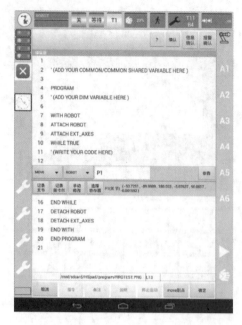

图 6-9　保存当前位置到运动指令（2）

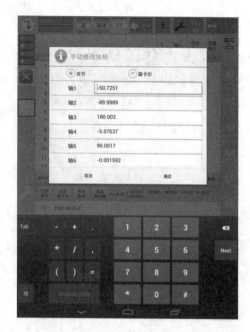

图 6-10　手动修改

如果寄存器中已经有了需要的点位信息，可以点击"选择寄存器"，从指定寄存器中读取位置数据。

五、运动到点功能

选中具有点位信息的指令行，行末会出现"moves 到点"的按钮，如图 6-11 所示。

点击"moves 到点"，则机器人将从当前位置，以 moves 的方式运动到 P1 的位置，也可点击页面下方的"move 到点"功能，机器人将从当前位置，以 move 的方式运动到 P1 点。

在工程调试时，如果需要运动到调试点，且坐标点的值可以根据需要改变，可以使用寄存器进行调试操作，按下"菜单"键，选择"显示"→"变量列表"，如图 6-12 所示。

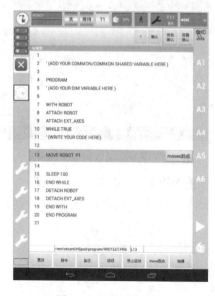

图 6-11　运动到点（1）

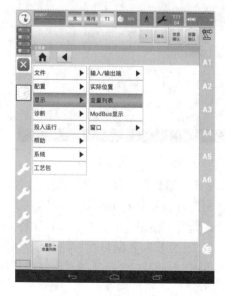

图 6-12　运动到点（2）

选择需要存放坐标数据的一栏,比如 JR、LR(外部轴可以选择 ER),选择其中保存有数据的变量,点击右方"修改",如图 6-13 所示。

在弹出对话框的顶部,可以看到"move 到点"、"moves 到点"的选项,如图 6-14 所示,上使能,然后点击相关的选项按钮即可。

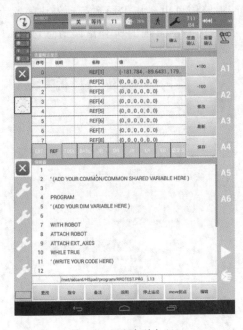

图 6-13　运动到点(3)

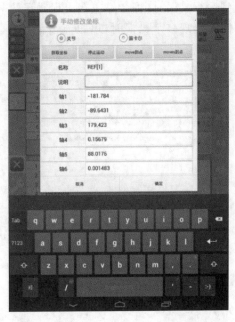

图 6-14　运动到点(4)

六、手动单步调试程序

默认情况下,程序以连续的方式执行,不便于排查错误。为修改程序运行方式,点击上方人形图标,如图 6-15 所示。

自动运行

将程序运行方式由"连续"改为"单步"即可。加载程序后,每按一次"运行"按键,程序将执行一行指令。遇到调用子程序时,也不会一次执行完毕,而是进入子程序内部单步执行。

七、检查和排除程序错误信息

程序的编写和运行难以避免地会遇到错误,相关错误信息都将在示教器软件上方信息栏中显示出来,根据相关的错误信息,可以排查错误。

对于程序的语法问题,在加载时将会进行语法检查,发现错误后系统将在上方信息栏报警,并在短暂停留后自动退出加载,整个过程中程序无法启动。

如图 6-16 所示,加载时,系统提示 15 行存在语法错误,11 行的 WHILE 结构不够完整,没有END WHILE 与之对应,后一个错误实际上是由

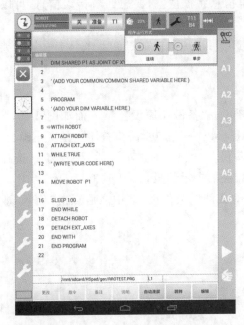

图 6-15　手动单步调试程序

于 15 行的错误导致的。可以看出,报警信息数量与实际存在的错误个数并不是一一对应的,一个错误往往可以导致多个报警信息的出现。

更为普遍的错误情况是,程序可以通过语法检查,但是在运行过程中会出现错误,比如位置无法到达、加速度超限等,这通常是由于位置信息、运动参数等设置有误导致的。系统在遇到运行错误时,将会停止在出现错误的一行,报警信息也会指出导致运动停止的原因。

同时出现多个错误时,可以点击信息栏,下拉栏将显示出现的所有错误信息,如图 6-17 所示。

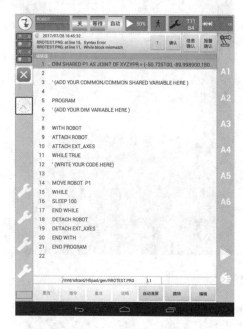

图 6-16　加载程序错误

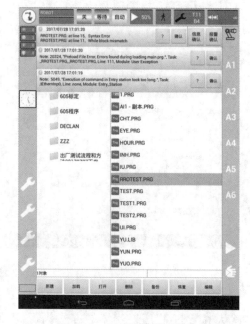

图 6-17　显示所有错误信息

在点击信息栏右方的"报警确认"后,相关错误信息将被清空,要想回看错误信息,可以按下"菜单"键,点击"诊断"→"运行日志"→"显示",如图 6-18 所示。

在运行日志内,包括提示、警告、错误都会被显示,可以通过添加过滤器来只查看某一类别的信息。

八、程序的备份与恢复

为对备份与还原进行配置,点击菜单中的"文件"→"备份还原设置",界面如图 6-19 所示,默认的备份还原路径都是 U 盘的根目录,如果备份还原不成功,需检查路径是否正确。

回到文件浏览器,可以看到下方工具栏中有"备份"、"恢复"的选项。插入 U 盘后,选择需要备份的文件或文件夹,点击"备份",可以看到相关的提示信息,如图 6-20 所示。

点击"恢复",则会弹出对话框,选择需要恢复的文件或文件夹,选中之后点击"确认"即可,如图 6-21 所示。

图 6-18　回看错误信息

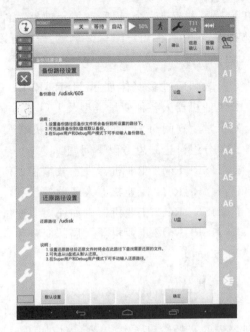

图 6-19　文件的备份(1)

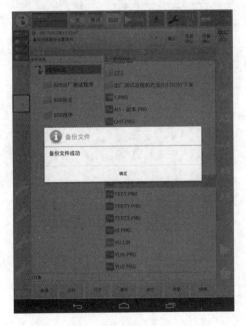

图 6-20　文件的备份(2)

图 6-21　文件的恢复

任务二　程序结构与变量

任务说明

每一个示教程序都可以分为 3 个部分:常量及变量声明部分、主程序、子程序。其中,主程序是必需且唯一的,当用户开始运行示教程序时,系统会自动进入主程序开始执行。当用户在示教器中新建一个"程序"时,示教器软件会自动为它生成一个主程序模板。子程序是可选择性调用的,由用户编写,一个主程序可以调用多个子程序。

活动步骤

(1)教师通过多媒体展示 HSR-JR612 工业机器人的程序结构与变量,并讲述 HSR-JR612 工业机器人各种变量类型及 I/O 信号。

(2)学生查阅与 HSR-JR612 工业机器人示教编程有关的资料。

(3)分组讨论并思考以下问题。

① HSR-JR612 工业机器人示教编程如何设计程序结构?

② HSR-JR612 工业机器人各种变量有什么含义?如何运用?

③ HSR-JR612 工业机器人如何声明变量?

④ HSR-JR612 工业机器人局部变量和全局变量的区别?

任务知识

一、程序结构

在示教器上新建一个程序时,系统会自动生成一个程序模板,可以在此模板的基础上进行机器人的示教编程操作。程序模板如图 6-22 所示。

```
1
2      ' (ADD YOUR COMMON/COMMON SHARED VARIABLE HERE )
3
4      PROGRAM
5      ' (ADD YOUR DIM VARIABLE HERE )
6
7      WITH ROBOT
8      ATTACH ROBOT
9      ATTACH EXT_AXES
10
11     WHILE TRUE
12     ' (WRITE YOUR CODE HERE)
13
14     SLEEP 100
15     END WHILE
16
17     DETACH ROBOT
18     DETACH EXT_AXES
19     END WITH
20     END PROGRAM
```

图 6-22 程序模板

程序模板中各部分的含义如下。

PROGRAM 和 END PROGRAM,WITH ROBOT 和 END WITH,ATTACH 和 DETACH,分别是三对配合使用的程序指令。PROGRAM 和 END PROGRAM 指明了程序段的开始和结束,系统需要依据这对关键词来识别这是一个程序,而不是子程序等。WITH ROBOT 和 END WITH 指明系统控制的默认组是 ROBOT 组,而所有外部轴组成 EXT_AXES 组,WITH ROBOT 表示默认的操作是针对 ROBOT 组的,在程序中如果不指明是哪个组,则运行 ROBOT 组。ATTACH 和 DETACH 用于绑定组和解除组,程序只有绑定了一个控制组/轴(单个轴、机器人组或者外部轴组)才能运行。

1. 常用数据类型

在实际编程中,常常用到数字型、字符串型和坐标型等几种数据类型,其数据类型的描述和范围如表 6-1 所示。

表 6-1　常用数据类型及其描述与范围

数据类型	种类	描述	范围
数字型	long	32 位有符号整数	−2147483648(最小值)2147483647(最大值)
	double	双精度浮点型	±1.79769313486223157 E+308
字符串型	string	ASCII 字符串	长度无限制
坐标型	joint	一套 2-10 个双精度浮点型数字的组合	每个坐标点的最大最小值为 ±1.79769313486223157 E+308
	location	一套 2-10 个双精度浮点型数字的组合	每个坐标点的最大最小值为 ±1.79769313486223157 E+308

2. 变量定义及变量指令

变量分为全局变量、程序变量、局部变量,在使用变量前,都需要对变量进行定义。华数机器人对变量的定义有如下三种方式。

(1) DIM…AS…

(2) DIM SHARED…AS…

(3) COMMON SHARE…AS…

第一种定义方式是定义局部变量,采用该种方式定义的变量,作用域只在该子程序或者主程序内;其定义一个 long 型的数组类型的示例如下:

```
PROGRAM
DIM I AS LONG
⋮
END PROGRAM
```

第二种定义方式是定义程序变量,采用该种方式定义的变量,作用域只在该主程序内(如果该程序后面包含有子程序,即在 END PROGRAM 后面编写有 SUB…END SUB 或者 FUNCTIION…ENDFUNCTIION,则其作用域也包含后面的子程序);其定义一个 long 型的数组类型的示例如下:

```
DIM SHARED I AS LONG            '注意是在 program 前定义
PROGRAM
⋮
END PROGRAM
```

第三种是定义全局变量。采用该方式定义的变量,其作用域对整个系统都有效,因此采用该种方式定义变量时需谨慎,如果不需要用到作用域这么大的变量时,一般不建议采用该种定义变量的方式。其定义一个 long 型的数组类型的案例如下。

```
COMMON SHAREDIAS LONG           '注意是在 program 前定义
PROGRAM
⋮
END PROGRAM
```

3. 主程序

通常用 PROGRAM…END PROGRAM 关键字来指明主程序的范围,这也是自动生成的主程序所使用的关键字。

当程序加载后,需要按下"启动"键,程序才会开始执行。如果希望程序被加载后就自动开始执行,那么使用 PROGRAM CONTINUE 替代 PROGRAM 作为主程序头。

当程序执行到 END PROGRAM 时,程序会停止执行,但它仍然在内存中。如果希望它执行完毕后自动卸载,即将程序从内存中卸载,须使用 TERMINATE 替代 END PROGRAM 作为主程序尾。

所有全局变量(使用 COMMON SHARED 声明,整个系统都可以对其进行读写),都必须在主程序头之前进行声明。

所有程序变量(使用 DIM SHARED 声明,整个示教程序都可以对其进行读写),都必须在主程序头之前进行声明。

局部变量(使用 DIM 声明,只能在声明该变量的程序体中对其进行读写),必须紧跟在程序头后进行声明,即在 PROGRAM/SUB 后进行声明。

主程序内编写的子程序都必须在程序后进行声明,不能穿插在主程序中。

4. 子程序

根据是否有返回值,示教程序的子程序又分为 SUB 和 FUNCTION。其中,SUB 没有返回值,FUNCTION 有返回值。子程序可以调用其他子程序,也支持递归(即调用自身)。

子程序可以接收参数。默认情况下,参数是按引用传递的,如果需要按值传递则在参数名前添加 ByVal 关键字。需要指出,数组只会按引用传递,为数组参数添加 ByVal 无法通过语法检查。按引用传递:传递的是内存地址,修改后会改变内存地址对应储存的值。按值传递:传递的是值,传递过去的相当于参数的一个副本,两者彼此独立。

5. SUB

使用 SUB…END SUB 来指明一个 SUB 的范围。由于子程序可以有多个,所以每一个子程序都需要给出一个不重复的名字,即程序名唯一。

通过 CALLl<SUBNAME>{PARAMETERS}的方式可以调用 SUB。其中,<SUBNAME>为 SUB 的名字,{PARAMETERS}为 SUB 的参数(如果 SUB 的声明里指出需要参数)。

SUB 的作用范围默认是在该示教程序中,如果需要在该示教程序之外的地方调用,比如另一个示教程序中调用,可以在子程序头前添加 PUBLIC 关键字,用 PUBLIC 声明的子程序,所有的主程序都可以调用。

示例:

```
PROGRAM
DIM X AS LONG=10
DIM Y AS LONG=10
DIM Z AS LONG
  ⋮
CALL CALCULATE ARRAY(X, Y, Z)
  ⋮
END PROGRAM
```

```
SUB CALL CALCULATE ARRAY(BYVAL X AS LONG, BYVAL Y AS LONG, Z AS LONG)
DIMI AS lONG=3
X=X+10
Y=Y*5
Z=I*X/Y
END SUB
```

6. FUNCTION

使用 FUNCTION⋯END FUNCTION 来指明一个 FUNCTION 的范围。与 SUB 不同,调用 FUNCTION 不需要 CALL 指令,只需<FUNCTIONNAME>{PARAMETERS}即可。由于 FUNCTION 需要返回一个值,因此要在 FUNCTION 的声明中告知返回值的类型。

同样地,FUNCTION 作用范围默认是该示教程序,如果要在其他地方调用,需要在子程序头前添加 PUBLIC 关键字。

示例:

```
PROGRAM
DIM I AS LONG
DIM J AS LONG=10
    ⋮
I=ADDFUNCTION(J)
    ⋮
END PROGRAM
FUNCTION ADDFUNCTION(BYVAL A AS LONG) AS LONG
ADDFUNCTION=A+1
END FUNCTION
```

二、变量与输入输出端口

变量列表选项显示了系统中设置的变量类型和值,在示教器上点击"显示"→"变量列表",即可进入变量列表选项。变量列表包含了外部运行程序变量 EXT_PRG、参考点坐标变量 REF、工具坐标系变量 TOOL、工件坐标系变量 BASE 等。

1. EXT_PRG 变量

EXT_PRG 变量用于显示、修改、保存外部自动加载的程序名称。

使用方式:使用外部模式时,需指定加载的程序,如需加载名字为 CCC. PRG 的程序,则需要在 EXT_PRG[1]处填入 CCC. PRG,且只能在 EXT_PRG[1]的值处填写,如图 6-23 所示。在其他变量的值处填写无效,会导致外部程序无法加载该程序。

2. REF 变量

REF 变量是参考点位置变量。该变量主要用于记录参考点的位置信息。如果机器人在该位置停留,则与之关联的 IO 点输出一个信号,使用该功能可以实现机器人在到达一个点后输出一个信号的功能,该变量有 8 个,即可以实现记录 8 个不同的位置。

使用方式:选中所需的 REF[X],点击"修改",记录相关的位置信息,然后在主菜单栏选择"配置"→"机器人配置"→"外部信号配置",配置相关的 IO 点,如图 6-24 所示。如将 REF[1]和 D_OUT[25]关联。

序号	说明	名称	值	
0		EXT_PRG[1]	CCC.PRG	+100
1		EXT_PRG[2]		
2		EXT_PRG[3]		-100
3		EXT_PRG[4]		
4		EXT_PRG[5]		修改
5		EXT_PRG[6]		
6		EXT_PRG[7]		刷新
7		EXT_PRG[8]		
EXT	REF	TOOL	BASE	IR	DR	JR	LR	ER	自定义		保存

图 6-23　EXT_PRG 变量

序号	说明	名称	值	
0		REF[1]	{0,0,0,0,0,0}	+100
1		REF[2]	{0,0,0,0,0,0}	
2		REF[3]	{0,0,0,0,0,0}	-100
3		REF[4]	{0,0,0,0,0,0}	
4		REF[5]	{0,0,0,0,0,0}	修改
5		REF[6]	{0,0,0,0,0,0}	
6		REF[7]	{0,0,0,0,0,0}	刷新
7		REF[8]	{0,0,0,0,0,0}	
EXT	REF	TOOL	BASE	IR	DR	JR	LR	ER	自定义		保存

图 6-24　REF 变量

3. TOOL/BASE

TOOL 变量是工具坐标系变量,用于保存工具坐标系的信息,如图 6-25 所示,TOOL 变量有 16 个,即可以保存 16 个工具坐标。BASE 是工件坐标系变量,用于保存工件坐标系的信息,有 16 个。工具、工件坐标系标定完成后,在该列表,点击刷新就可看到标定后的信息,工具、工件坐标系标定完成后,需要在该列表点击"刷新"和"保存",否则可能出现标定后的工具、工件坐标系丢失的现象。

序号	说明	名称	值	
0		TOOL_FRAME[1]	#{11.241,-148.222,114.1.	+100
1		TOOL_FRAME[2]	#{0,0,0,0,0,0}	
2		TOOL_FRAME[3]	#{0,0,0,0,0,0}	-100
3		TOOL_FRAME[4]	#{11.241,-148.222,114.1.	
4		TOOL_FRAME[5]	#{0,0,0,0,0,0}	修改
5		TOOL_FRAME[6]	#{0,0,0,0,0,0}	
6		TOOL_FRAME[7]	#{0,0,0,0,0,0}	刷新
7		TOOL_FRAME[8]	#{0,0,0,0,0,0}	
EXT	REF	TOOL	BASE	IR	DR	JR	LR	ER	自定义		保存

图 6-25　TOOL 变量

4. IR/DR

IR 是 32 位的整形数据寄存器,用户保存整型数据,可以在程序中对 IR 寄存器赋值,使用指令 IR[X]＝xxx 即可,也可以选中对应的 IR 寄存器,然后点击"修改",在"值"选项中填入相关数值,最后点击"确定"。IR 变量列表及其修改如图 6-26 所示。DR 是 double 型双精度寄存器,能记录实数信息,同理可以在程序中对 DR 寄存器赋值,使用指令 DR[X]＝xxx.xxx 即可。

序号	说明	名称	值	
0		IR[1]	0	+100
1		IR[2]	0	
2		IR[3]	0	-100
3		IR[4]	0	
4		IR[5]	0	修改
5		IR[6]	0	
6		IR[7]	0	刷新
7		IR[8]	0	
EXT	REF	TOOL	BASE	IR	DR	JR	LR	ER	自定义		保存

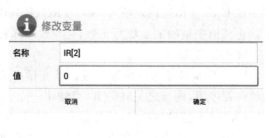

修改变量

名称　IR[2]

值　0

取消　　　确定

(a)　　　　　　　　　　　　　　(b)

图 6-26　IR 变量及其修改
(a)IR 变量　(b)修改 IR 变量

注意：所有的寄存器信息，如果不点击"保存"按钮，都会不保存，即断电后相关信息丢失。如果需要在程序运行后保存相关的 IR 寄存器信息，可以使用 Call savereg("IR")指令。如果需要保存 DR 寄存器信息，将"IR"换成"DR"即可。

5. JR/LR

JR 是关节型坐标寄存器，可以保存各个关节的坐标信息。在示教编程中，可以使用 JR 寄存器记录过渡点位的相关信息，点击"获取坐标"即可获取机器人各个关节的坐标信息。点击"移动到点"即可把机器人个关节移动到对应的位置。也可以通过手动修改轴 1～轴 6 后面的数值，来更改关节坐标的位置，点击"确定"则确定当前记录的关节位置的数值，如图 6-27 所示。

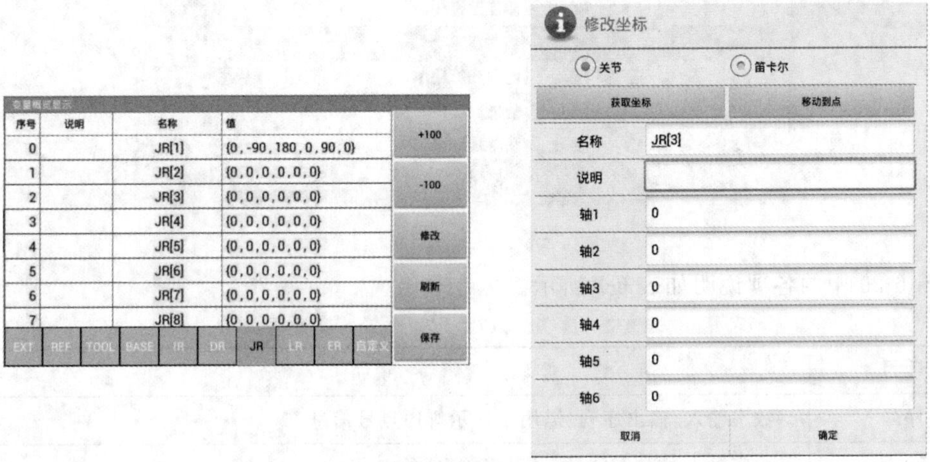

(a)   (b)

图 6-27   关节坐标寄存器 IR 及其坐标修改
(a)关节坐标寄存器 JR   (b)修改坐标

LR 是笛卡儿型坐标寄存器，能记录机器人的笛卡儿位置信息。使用方法同 JR 寄存器。

6. ER

ER 是外部轴关节坐标寄存器，用于记录和保存外部轴关节的点位信息，在使用到外部轴的应用中，可以使用该寄存器保存外部轴的相关点位信息，如图 6-28 所示。

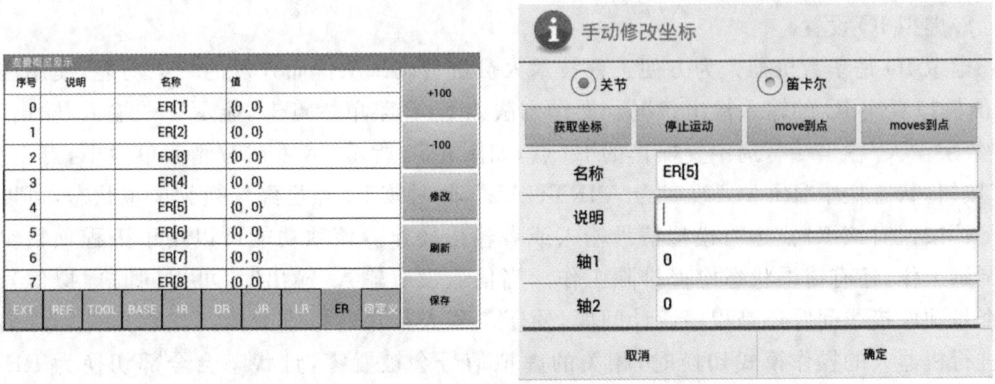

(a)   (b)

图 6-28   ER 变量及其修改
(a)外部轴坐标寄存器 ER   (b)手动修改 ER 坐标

7. 数字输入/输出信号

点击菜单栏的"显示"→"输入/输出端"→"数字输入/输出端",可以查看数字输入/输出的状态。IO 号表示当前 IO 的点号。华数机器人使用 HCNC 的 IO 时,输入/输出板卡都是 8 个点。IO 点号顺序按照板块排列的顺序往后排。数字量输入/输出端的界面如图 6-29 所示。

图 6-29   数字输入/输出端

图 6-29 中的各项说明如表 6-2 所示。

表 6-2   数字输入/输出端列表各项说明

项目	说明
序号	数字输入/输出序列号,用于显示排序点号信息
IO 号	数字输入/输出 IO 号,显示当前 IO 的点号
值	输入/输出端数值。如果一个输入或输出端为 ON,则被标记为红色。点击右侧状态栏的"值"按钮可切换值为 ON 或 OFF
状态	表示该数字输入/输出端为真实 IO 或者是虚拟 IO,真实 IO 显示为 REAL,虚拟 IO 显示为 VIRTUAL,点击右侧状态栏的"切换"按钮可以进行 REAL 和 VIRTUAL 的状态切换
说明	给该数字输入/输出端添加说明,方便调试人员记录该 IO 点的作用,如果在外部运行配置中进行了 IO 点位的配置工作,则该点位的信息会在说明栏中自动添加

8. 虚拟 IO 设置

虚拟 IO 是华数机器人为方便工程技术人员进行调试工作而开发的一项功能,使用虚拟 IO 能模拟真实 IO 的输入输出状况。操作方法如下:在菜单栏点击"显示"→"输入/输出端"→"数字输入/输出端",选中要操作的 IO 点,如图 6-30 所示,然后在右侧菜单栏中,点击"切换"按钮,状态栏中"REAL"改变为"VIRTUAL",此时该 IO 点已经切换为虚拟状态,可以点击"值"按钮对该 IO 点进行模拟信号输入或者输出操作。该项功能可以用于工程项目实施的调试工作,还有错误状态检查排除工作。当信号没有输入/输出时,可以同时虚拟信号来排查是硬件接线问题还是程序设计问题,便于工程人员快速排查故障。注意:虚拟 IO 信号在进行机器人的操作模式切换时,相关的虚拟信号会被置零,且状态会全部切换为 REAL 状态。

序号	IO号	值	状态	说明	
1	1	○	REAL	开始运行程序	-100
2	2	○	REAL	暂停运行程序	+100
3	3	○	REAL	恢复运行程序	切换
4	4	○	REAL	停止运行程序	
5	5	●	REAL	加载程序	值
6	6	○	REAL	取消加载程序	
7	7	○	REAL	使能	说明
8	8	○	REAL	清除驱动错误	保存
输入端				输出端	

图 6-30　虚拟 I/O 设置

任务三　运动指令

任务说明

运动指令实现以指定速度、特定路线模式等将工具从一个位置移动到另一个指定位置。在使用运动指令时需指定以下几项内容。

动作类型:指定采用什么运动方式来控制到达指定位置的运动路径。

位置数据:指定运动的目标位置。

进给速度:指定机器人运动的进给速度。

定位路径:指定相邻轨迹的过渡形式。

指令参数:指定机器人在运动过程中的运动参数。

活动步骤

(1) 教师通过多媒体展示 HSR-JR612 工业机器人的程序示教过程,并讲述 HSR-JR612 工业机器人运动指令的动作类型、位置数据、进给速度、定位路径、指令参数。

(2) 学生查阅与 HSR-JR612 工业机器人运动指令有关的资料并获得相应成果。

(3) 分组讨论并思考以下问题。

① HSR-JR612 工业机器人运动指令的动作类型分为哪几类?

② HSR-JR612 工业机器人运动指令的位置数据分为哪两种类型?

③ HSR-JR612 工业机器人运动指令的进给速度是通过什么进行修调的?

任务知识

一、运动类型

运动类型即到达指定位置的运动路径。机器人的运动指令有三种:关节定位(MOVE)、直线运动(MOVES)、圆弧运动(CIRCLE)。运动指令操作栏如图 6-31 所示,图中各标签项的说明如表 6-3 所示。

运动指令

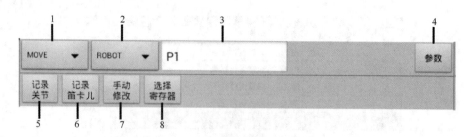

图 6-31　运动指令操作栏

表 6-3　运动指令各标签项说明

编号	说明
1	选择指令,可选 MOVE、MOVES、CIRCLE 三种指令。当选择 CIRCLE 指令时,会话框会弹出两个点用于记录位置
2	选择组,可选择机器人组或者附加轴组
3	新记录的点的名称,光标位于此处时可点击记录关节或记录笛卡儿赋值
4	参数设置,可在参数设置对话框中添加删除点对应的属性,在编辑参数后,点击"确认",将该参数对应到该点
5	为该新记录的点赋值为关节坐标值
6	为该新记录的点赋值为笛卡儿坐标
7	点击后可打开一个修改各个轴点位值的对话框,打开可进行单个轴的坐标值修改
8	可通过新建一个 JR 寄存器或者 LR 寄存器保存该新增加点的值,可在变量列表中查找到相关值,便于以后通过寄存器使用该点位值

1.关节定位(MOVE)

关节定位是移动机器人各关节到达指定位置的基本动作模式。机器人以指定进给速度,沿着(或围绕)所属轴的方向,同时加速、减速或停止,运动到目标位置。工具的运动路径通常是非线性的,在两个指定的点之间任意运动。关节定位以最大进给速度的百分数作为关节定位的进给速度,其最大速度由参数设定,程序指令中只给出实际运动的倍率。关节定位过程中没有控制被驱动的工具的姿态。

指令语法:

MOVE<AXIS> |<GROUP> <TARGET POSITION> {OPTIONAL PROPERTIES}

指令参数(可选):

MOVE 指令包含一系列的可选属性——ABSOLUTE、VCRUISE、ACC、DEC 等。属性设置后,属性值仅对当前运动有效,该运动指令行结束后,属性值恢复到默认值。如果不设置参数,则使用各参数的默认值运动。

指令示例:

①MOVE ROBOT # {600,100,0,0,180,0}ABSOLUTE=1 VCRUISE=100

②MOVE A1-10 ABSOLUTE=0 VCRUISE=120

上述示例中,第一行 MOVE 指令使用绝对值编程方式(ABSOLUTE=1),控制对象为 ROBOT 组,并且设定了 ROBOT 的运行速度为 100°/s,其目标位置为笛卡儿坐标系下的 #{600,100,0,0,180,0}。第二行 MOVE 指令使用相对值的方式编程(ABSOLUTE=0),单独控制 A1 轴进行运动,目标位置基于当前位置向负方向偏移 10°。

2. MOVES 指令

指令说明：

MOVES 指令以机器人当前位置为起点，控制其在笛卡儿空间范围内进行直线运动，常用于对轨迹控制有要求的场合。该指令的控制对象只能是机器人组。

指令语法：

MOVES<ROBOT> <TARGET POSITION> {OPTIONAL PROPERTIES}

指令参数（可选）：

MOVES 可选属性包含 VTRAN（直线速度）、ATRAN（直线加速度）、DTRAN（直线减速度）、VROT（旋转速度）、AROT（旋转加速度）、DROT（旋转减速度）等。属性设置后，属性值仅针对当前运动有效，该运动指令行结束后，系统恢复到默认值。如果不设置参数，则系统使用各参数的默认值运动。

指令示例：

①MOVES ROBOT　# {425,70,55,90,180,90}ABSOLUTE=1 VTRAN=100 ATRAN=80 DTRAN=100

②MOVES ROBOT{-10,0,0,0,0,0}ABSOLUTE=0 VTRAN=120 ATRAN=80 DTRAN=80

如上述示例所示，第一行指令控制机器人 ROBOT 从当前位置开始，以直线的方式运动到笛卡儿坐标位置♯{425,70,55,90,180,90}，ABSOLUTE=1 表示指令中使用的坐标为绝对值坐标，VTRAN 设定了机器人的运行速度为 100 mm/S，ATRAN 和 DTRAN 分别设置了机器人的加速度与减速度的大小。

3. CIRCLE 指令

指令说明：

CIRCLE 指令以当前位置为起点，CIRCLEPOINT 为中间点，TARGETPOINT 为终点，控制机器人在笛卡儿空间进行圆弧轨迹运动，同时附带姿态的插补。

指令语法：

CIRCLE<GROUP> CIRCLEPOINT= <VECTOR> TARGETPOINT={<VECTOR> }{OPTIONAL PROPERTIES}

指令参数（可选）：

CIRCLE 指令可选属性包含 VTRAN、ATRAN、DTRAN、VROT、AROT、DROT 等。属性设置后，仅针对当前运动有效，该运动指令行结束后，恢复到默认值。如果不设置参数，则使用各参数的默认值运动。

指令示例：

①MOVE ROBOT　# {400,300,0,0,180,0}VCRUISE=100

②CIRCLE ROBOT CIRCLEPOINT= # {500,400,0,0,180,0} TARGETPOINT= # {600,300,0,180,0}VTRAN=100

如上述示例所示，程序先运动机器人到♯{400,300,0,0,180,0}的位置，然后以该位置为起点，在 OXY 平面上进行圆弧运动。

注意：圆弧指令不能应用于走整圆，要实现走整圆需要使用两条 CIRCLE 指令，这在当前版本下暂时无法实现。

二、运动参数

MOVE、MOVES、CIRCLE 这三个运动指令后面都可以添加相应的运动参数来对该行运动进行属性设置。其常见的运动参数如图 6-32 所示。

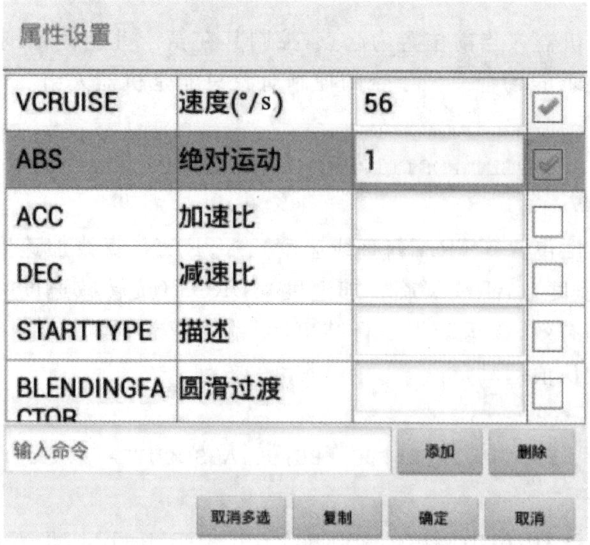

图 6-32　运动参数

在"输入命令"后输入相关的运动参数属性,再点击"添加"按钮即可添加列表中没有的运动参数。由于运动参数的属性很多,不能一一进行讲解,下面将对常用的运动参数属性进行说明。

(1) VCRUISE:关节运动速度,对 MOVE 指令有效,默认值为 180°/s,值越大,速度越快。

(2) ACC/DEC:关节运动加速度/减速度,对 MOVE 指令有效,默认值为 960°/s²,值越大,加速度越大。

(3) VTRAN:直线运动速度,对 MOVES、CIRCLE 指令有效,默认值为 1200 mm/s,值越大,速度越快。ATRAN/DTRAN:直线运动加速度/减速度,对 MOVES、CIRCLE 指令有效,默认值为 4800 mm/s²,值越大,加速度越大。

上面各参数的默认值对六关节的机器人如 605、612、620 有效,其他型号的机器人默认值可能不同,且这些默认值都是在自动模式下的默认值。在更改这些值时,不能不断增大,太大的参数值可能导致报警。

(4) VTRAN/VCRUISE、倍率(修调)和机器人实际运行速度的关系:机器人实际运行速度=VTRAN 值×倍率。例如:MOVES　P1 VTRAN=100。此时如果示教器的倍率为 50%,则实际上机器人的运行速度为:100 mm/s×50%=50 mm/s,VCRUISE 与它们的关系同理。

任务四　条件指令

任务说明

条件指令用于机器人程序中的运动逻辑控制,包括 IF…THEN…END IF,SELECT…

CASE，WHILE…END WHILE 三种指令。

活动步骤

（1）教师通过多媒体讲述条件指令的操作及在示教程序中的运用。

条件指令

（2）学生查阅有关 HSR-JR612 机器人的条件指令操作格式及用法。

（3）分组讨论并思考如下问题。

① 条件指令中的比较运算符有哪些？

② 条件指令在示教程序中的作用是什么？

任务知识

一、IF…THEN…END IF

指令说明：

IF…THEN…END IF 指令组的含义是"（IF）如果……成立，（THEN）则……"。该指令用来控制程序在某条件成立的情况下，才执行相应的操作。

指令语法：

IF<CONDITION> THEN

<FIRST STATEMENT TO EXECUTE IF CONDITION IS TRUE>

<MULTIPLE STATEMENTS TO EXECUTE IF CONDITION IS TRUE>

{ELSE

　　<FIRST STATEMENT TO EXECUTE IF CONDITION IS FALSE>

　　<MULTIPLE STATEMENTS TO EXECUTE IF CONDITION IS FALSE> }

END IF

其中"{}"括起来的部分为可选部分。ELSE 表示当 IF 后面跟的条件不成立时，会执行其后面的程序语句。

指令示例：

IF D_IN[1]=OFF THEN

MOVE　A1 100 ABS=0

ELSE

　　MOVE A1 200 ABS=0

END IF

上述指令表示，当 D_IN[1]的值等于 OFF 时，相对于当前位置正向移动 A1 轴 100°；否则，相对于当前位置正向移动 A1 轴 200°。

二、SELECT…CASE

指令说明：

该指令在条件变量或条件表达式有某些特定的取值时，进行条件选择并执行相应程序。

指令语法：

SELECT CASE< SELECTEXPRESSION>

{CASE<EXPRESSION>

{STATEMENT_LIST}}

```
{CASE IS<RELATIONAL- OPERATOR> <EXPRESSION>
{STATEMENT_LIST}}
{CASE<EXPRESSION> TO<EXPRESSION>
{STATEMENT_LIST}}
{CASE<EXPRESSION1> ,<EXPRESSION2>
{STATEMENT_LIST}}
{CASE ELSE
{STATEMENT_LIST}}
END SELECT
```

其中<SELECTEXPRESSION>表示可能有某些特定取值的变量或表达式。CASE 后面跟的特定情况有五种：<EXPRESSION>表示具体的取值；IS<RELATIONAL-OPER-ATOR><EXPRESSION>表示<SELECTEXPRESSION>的取值与<EXPRESSION>的逻辑关系，<RELATIONAL-OPERATOR>为逻辑操作符，有>，<，<>，=，>=，<=六种；<EXPRESSION>TO<EXPRESSION>表示<SELECTEXPRESSION>的值处于两个表达式或变量的值之间，包含两个表达值或变量的值；<EXPRESSION1>，<EX-PRESSION2>表示<SELECTEXPRESSION>的取值为<EXPRESSION1>或<EX-PRESSION2>；ELSE 表示没有满足<SELECTEXPRESSION>的情况。

指令示例：

```
PROGRAM
DIM I AS LONG
  SELECT CASE I
    CASE 0
      PRINT "I=0"
    CASE 1
      PRINT "I=1"
    CASE IS> =10
      PRINT "I> =10"
      CASE 6 TO 9
      PRINT "I IS BETWEEN 6 AND 9"
    CASE 2,3,5
      PRINT "I IS 2,3 OR 5"
    CASE ELSE
      PRINT "ANY OTHER I VALUE"
  END SELECT
END PROGRAM
```

三、WHILE…END WHILE

指令说明：

该指令用来循环执行包含在其结构中的指令块，直到条件不成立后结束循环，通常用来阻塞程序，直到某条件成立后才继续执行。

指令语法：

```
WHILE<CONDITION>
      <CODE TO EXECUTE AS LONG AS CONDITION IS TRUE>
END WHILE
```

指令示例：

```
WHILE ROBOT.ISMOVING=1   'WAIT FOR PROFILER TO FINISH
      SLEEP 20
END WHILE

WHILE A2.VELOCITYFEEDBACK<1000
      PRINT "AXIS 2 VELOCITY FEEDBACK STILL UNDER 1000"
      SLEEP 1  'FREE THE CPU
END WHILE
```

如上所示，第一个例子是比较典型的运动控制循环，循环的条件是 ROBOT 组正处于运动过程中。该循环的功能是如果 ROBOT 正处于运动过程中，就将程序阻塞在该循环里面，直到 ROBOT 停止运动才跳出循环继续往下执行。第二个例子使用 A2 的反馈速度作为条件，当 A2 的反馈速度低于 1000 时，执行循环内的打印及休眠语句，当 A2 的反馈速度大于或等于 1000 时，表达式不成立，此时就会跳出循环，继续执行后面的语句。需要注意的是，WHILE 循环执行过程中会完全占用 CPU 资源，需要在循环的最后加上 SLEEP 指令，以释放 CPU 资源给其他任务，避免因为 CPU 占用率过高而产生报警。注意：WHILE 指令和END WHILE 指令必须联合使用才能完成一个循环体。

任务五　流 程 指 令

任务说明

流程指令用来控制程序的执行顺序，控制程序从当前行跳转到指定行去执行，流程指令包括以下几种指令：

① 程序相关指令；

② 程序跳转指令。

活动步骤

（1）教师通过多媒体讲述流程指令的格式及在示教程序中的运用。

（2）学生查阅有关流程控制指令的资料。

（3）分组讨论并思考如下问题。

① 流程控制指令在示教程序中的作用是什么？

② 流程控制指令都包括哪些？

任务知识

一、程序相关指令

程序相关指令包括程序指令和子程序指令。

流程指令

1. 程序指令

程序指令新建程序是自动添加到程序文件中,通常情况下,用户无需修改。

程序指令包含如表 6-4 所示部分。

表 6-4 程序指令

指令	说明
PROGRAM	程序开始
END PROGRAM	程序结束
WITH	引用机器人名称
END WITH	结束引用机器人名称
ATTACH	绑定机器人
DETACH	结束绑定

2. 子程序指令

子程序指令可以带返回值和无返回值,子程序指令包括局部子程序和全局子程序。

子程序指令包含如表 6-5 所示部分。

表 6-5 子程序指令

指令	说明
SUB	写子程序,该子程序没有返回值,只能在本程序中调用(局部)
PUBLIC SUB	写子程序,该子程序没有返回值,能在程序以外的其他地方被调用(全局)
END SUB	写子程序结束
FUNCTION	写子程序,该子程序有返回值,只能在本程序中调用(局部)
PUBLIC FUNCTION	写子程序,该子程序有返回值,能在程序以外的其他地方被调用(全局)
END FUNCTION	写子程序结束

注意:① SUB、PUBLIC SUB 和 END SUB 必须联合使用,子程序位于两条指令之间。

② FUNCTION、PUBLIC FUNCTION 和 END FUNCTION 必须联合使用,子程序位于两条指令之间。

二、程序跳转指令

程序跳转指令主要是包括 GOTO、LABEL 和 CALL 指令。

1. GOTO 和 LABEL 指令

GOTO 指令会跳转到 LABEL 标定的行。GOTO 指令和 LABEL 必须联合使用才能完成跳转。部分用户习惯于使用 GOTO 指令实现循环,如下例子:

```
LABEL1:
IF D_IN[30] < > ON THEN
⋮
GOTO LABEL1
```

上述例子存在两个问题:第一,未使用 SLEEP 指令,导致控制器 CPU 过载,容易出现异常报警(参见延时指令);第二,使用 GOTO 语句实现循环是一种不好的编程习惯,请使用循环指令实现循环。

2. CALL 指令

子程序调用指令将程序控制转移到另一个程序(子程序)的第一行,并执行子程序。当子程序执行到程序结束指令(END)时,控制会迅速返回调用程序(主程序)中的子程序调用指令的下一条指令,继续向后执行。

CALL 指令需要选择子程序名,或直接新建一个子程序,例如:

CALL <subprogram name>

任务六 延时指令

任务说明

延时指令包括针对运动指令的 DELAY 指令和非运动指令的 SLEEP 指令两种。

活动步骤

(1) 教师通过多媒体讲述延时指令的操作及在示教程序中的运用。

(2) 学生查阅有关 HSR-JR612 机器人的延时指令操作格式及用法。

(3) 分组讨论并思考如下问题。

① 延时指令包括哪两种?

② 延时指令在示教程序中的作用是什么?

延时指令

任务知识

一、DELAY

指令说明:

DELAY 指令用来使机器人的运动延时,最小延时时间为 2,单位 ms。

指令语法:

DELAY<MOTIONELEMENT> <DELAYTIME>

指令示例:

```
PROGRAM
WITH ROBOT
    ATTACH ROBOT
        MOVE ROBOT P2
        DELAY ROBOT 2      '延时 2 ms
        PRINT "ROBOT IS STOPPED"
    DETACH
END WITH
END PROGRAM
```

如上述示例所示,程序首先执行 MOVE 指令,控制机器人 ROBOT 从当前点移动到目标点 P2,等到机器人移动到 P2 点后开始执行 DELAY 指令,2 ms 后打印输出"ROBOT IS STOPPED"。

二、SLEEP

指令说明：

SLEEP 指令的作用是使程序（任务）的执行延时，最短延时时间为 1，单位 ms。

指令语法：

SLEEP<TIME>

指令示例：

```
PROGRAM
WITH ROBOT
ATTACH ROBOT
MOVE ROBOT P2      '假设该运动的持续时间为 200 ms
SLEEP 100          '延时 100 ms
D_OUT[25]=ON
DETACH ROBOT
END WITH
END PROGRAM
```

如上述示例所示，MOVE 指令开始执行的同时，SLEEP 指令也开始执行，假设 MOVE 指令执行完（机器人运动到 P2 点）的时间要 200 ms，那么，MOVE 指令执行了 100 ms 后，D_OUT[25]就会输出 ON，此时机器人还未到 P2 点，等到机器人运动到 P2 点后，整个程序执行完毕。上面例子说明了华数机器人中存在运动指令和逻辑指令同时执行的情况，也就是机器人还未到达 P2 点时，信号就输出的情形。

三、DELAY 与 SLEEP 的用法

在华数Ⅱ型控制系统中，存在运动指令（MOVE、MOVES、CIRCLE）和非运动指令（除运动指令之外的指令）两种类型的指令。这两种指令是并行执行的，并非执行完一条指令再执行下一条。请分析下列例子：

```
MOVE ROBOT   P1
D_OUT[30]=ON
```

在这个例子中，第一条指令为运动指令，第二条指令为非运动指令。在系统中，这两条指令是并行执行的，也就是说，当机器人还未运动到 P1 点的时候，D_OUT[30]就有信号输出了。为了解决这个问题，需要控制系统执行完第一条指令后再执行下一条指令，此时就用 DELAY 指令。即等待运动对象 ROBOT 完成运动后再进行延时动作。所以上述例子应该改为：

```
MOVE ROBOT   P1
DELAY ROBOT   2
D_OUT[30]=ON
```

SLEEP 指令通常有两种应用场合。

第一种在循环中使用，请看如下例子：

```
WHILE D_IN[30]<> ON
SLEEP 10
END WHILE
```

这个例子是机器人等待 D_IN[30] 的信号,若无信号则持续循环,等到信号后结束循环向下执行。由于循环中要一直扫描 D_IN[30] 的值,所以循环体中必须加入 SLEEP 指令,否则控制器 CPU 容易过载出现异常报警。

SLEEP 应用的第二种场合是输出脉冲信号,请看如下例子:

```
D_OUT[30]=ON
SLEEP 100
D_OUT[30]=OFF
```

上述例子中,D_OUT[30] 输出了一个宽度为 100 ms 的脉冲信号。其中必须加 SLEEP 指令,否则脉冲宽度太短导致实际上没有任何脉冲信号输出。

四、如何防止信号提前发送

根据上面的知识可知,逻辑指令和运动指令是同时执行的,所以如果需要在程序中防止信号提前输出,应该加入 DELAY 指令,防止逻辑指令提前执行。如下例:

```
MOVE ROBOT P1
DELAY ROBOT 2
D_OUT[25]=ON
```

在运动指令 MOVE ROBOT P1 后面加上 DELAY ROBOT 2 即可防止机器人还没到达 P1 点时,D_OUT[25] 就输出信号的情形出现。

任务七　IO　指　令

任务说明

IO 指令包括了 D_IN 指令、D_OUT 指令、WAIT 指令、WAITUNTIL 指令、PULSE 指令。D_IN、D_OUT 指令可用于给当前 IO 赋值为 ON 或者 OFF,也可用于在 D_IN 和 D_OUT 之间传值;WAIT 指令用于阻塞等待一个指定 IO 信号,可选 D_IN 和 D_OUT;WAITUNTIL 指令用等待 IO 信号,超过设定时限后退出等待;PULSE 指令用于产生脉冲。

活动步骤

(1) 教师通过多媒体讲述 IO 指令的操作及在示教程序中的运用。

(2) 学生查阅有关 HSR-JR612 机器人的 IO 指令操作格式及用法。

(3) 分组讨论并思考如下问题。

① IO 指令有哪两种状态?

② IO 指令分为哪几种种类型?

任务知识

一、D_IN、D_OUT

指令说明:

D_IN、D_OUT 指令可用于给当前 IO 赋值为 ON 或者 OFF,也可用于在 D_IN 和 D_OUT 之间传值。

指令语法:

IO 指令

D_IN[I]=ON/OFF   D_OUT[I]=ON/OFF

指令示例：

D_IN[8]=ON

D_IN[9]=OFF

D_OUT[10]=ON

D_OUT[11]=OFF

二、WAIT 指令

指令说明：

该指令用于等待某一指定的输入或输出的状态等于设定值。若指定的输入或输出的状态不满足，程序会一直阻塞在该指令行，直到满足为止。

指令语法：

CALL WAIT(<IN/OUT> ,<ON|OFF>)

指令示例：

```
PROGRAM
D_OUT[1]=OFF
CALL WAIT(D_OUT[1],ON)
PRINT "D_OUT[1]=ON"
END PROGRAM
```

如上述示例所示，WAIT 指令需要使用 CALL 指令来调用。WAIT 指令的第一个参数为 IO，第二个参数为该 IO 的状态的期望值。程序中设定 D_OUT[1]为关闭状态后，程序会阻塞在该处，等待 D_OUT[1]再次打开，手动将 D_OUT[1]的状态置为"ON"后，该指令返回，程序继续执行打印操作。

三、WAITUNTIL 指令

指令说明：

该指令类似于 WAIT 指令，不同之处是增加了延时时间参数以及延时标识。当指令等待 IO 状态超过设定时间时，该指令不管 IO 的状态是否满足，直接返回，并置延时标识为"TRUE"。

指令语法：

CALL WAITUNTIL(<IN|OUT> ,<ON|OFF> ,<TIME> ,<FLAG>)

指令用例：

```
PROGRAM
DIM FLAG AS LONG=FALSE
D_OUT[1]=OFF
CALL WAITUNTIL(D_OUT[1],ON,3000,FLAG)
IF FLAG= TRUE THEN
PRINT "D_OUT[1]=OFF"
ELSE
PRINT "D_OUT[1]=ON"
END IF
```

END PROGRAM

如上述示例所示,程序首先复位了D_OUT[1]的状态,然后执行WAITUNTIL指令。该指令会判断D_OUT[1]的状态是否为设定的状态,且等待时间为3000 ms,FLAG的值用于判断3000 ms的时间是否达到,即判断是否超时,超时则为"TRUE",不超时则该值为"FALSE"。如果在3000 ms之内,D_OUT[1]的状态切到"ON",则指令立即返回,且超时标志位FLAG标识为"FALSE",程序打印"D_OUT[1]=ON";如果D_OUT[1]一直处于OFF状态,那么3000 ms过后,跳出等待,指令返回,超时标志位FLAG的值为"TRUE",此时程序会打印"D_OUT[1]=OFF"。

注意:超时标志位的值与定义时使用的初始值有关。本例中定义FLAG变量时,采用的初始值是默认的FALSE。DIM FLAG AS LONG=FALSE中"=FALSE"也可省略,系统默认初始值为0,即可以改为DIM FLAG AS LONG。

四、PULSE指令

指令说明:

PULSE指令的作用是输出一个固定时间长度的IO脉冲,仅用于D_OUT。

指令语法:

CALL PULSE(<INDEX>,<TIME>)

指令示例:

PROGRAM

D_OUT[1]=OFF

CALL PULSE(1,500)

END PROGRAM

如上述示例所示,程序首先将D_OUT[1]复位,接着调用PULSE指令。此时PULSE会将D_OUT[1]的状态置为"ON",并且保持500 ms,然后将D_OUT[1]的状态置为"OFF"。

任务八　其他指令

任务说明

将前面几个任务未介绍的指令,归结为其他指令,这些指令包括坐标系指令、速度指令、同步指令、寄存器指令、事件指令、异常指令和手动指令。

活动步骤

(1) 教师通过多媒体讲述上述各指令及在示教程序中的运用。

(2) 学生查阅有关机器人指令的资料。

(3) 分组讨论并思考如下问题。

① 坐标系指令的作用是什么?

② 速度指令的作用是什么?

③ 同步指令的作用是什么?

④ 寄存器指令的作用是什么?

⑤ 事件指令的作用是什么？

⑥ 异常指令的作用是什么？

⑦ 手动指令的作用是什么？

任务知识

一、坐标系指令

坐标系指令分为基坐标系 BASE 指令和工具坐标系 TOOL 指令，在程序中可选择定义的坐标系编号来切换坐标系。坐标系指令用于改变机器人当前工作所使用的坐标系的设置。

其他指令

1. TOOL 指令

工具坐标系设置指令改变由工具坐标系序号指定的工具坐标系的设置。

指令语法：

CALL SETTOOLNUM(value)

指令示例：

CALL SETTOOLNUM(5)

如上示例所示，程序执行 CALL SETTOOLNUM(5)后，以下程序运动位姿都以工具 5 设置的 TCP 为准。

2. BASE 指令

基坐标系设置指令改变由基坐标系序号指定的基坐标系的设置。

指令语法：

CALL SETBASENUM(value)

指令示例：

CALL SETBASENUM(3)

如上示例所示，程序执行 CALL SETBASENUM(3)后，以下程序运动位姿都以基坐标系 3 为参照。

二、速度指令

速度指令用于在程序运行时通过设置机器人的 Vcruise 值或者 Vtran 值来指定机器人的运行速度。其作用范围为程序中不指定运行速度的程序行。

1. VCRUISE 指令

VCRUISE 指令用于在程序运行时通过设置机器人的 VCRUISE 值来指定机器人的运行速度。

指令语法：

ROBOT.VCRUISE= (VALUE)

指令示例：

ROBOT.VCRUISE=180   ′机器人的关节速度是 $180°/s$,对 MOVE 有效

2. VTRAN 指令

VTRAN 指令用于在程序运行时通过设置机器人的 VTRAN 值来指定机器人的插补速度。

指令语法：

ROBOT.VTRAN= (VALUE)

指令示例：

ROBOT.VTRAN=800　　　　　'机器人的插补速度是 800 mm/s，对 moves 和 circle 有效

注意：使用速度指令时，指令后面的数值应该在最大值以内，如果指定的数值超过系统设定速度最大值，则该值不生效，以系统能达到的最大值运行。可通过用户变量窗口查看系统设定的速度的最大值，查看 Vmtran、Vmax 即可得知系统的直线速度的最大值和关节速度的最大值。

三、同步指令

同步指令用于将位于该语句之前的两条运动指令同时执行。通常用于机器人本体与外部轴联动。

指令示例：

MOVE ROBOT P1 STARTTYP4

MOVE EXT_AXES P2 STARTTYP4

SYNCALL SCARA PUMA ROBOT

当机器人执行到以上语句时，机器人本体和外部轴会同时运动，机器人本体运动至 P1 点，外部轴运动至 P2 点。

四、寄存器指令

华数 Ⅱ 型系统中预先定义了几组不同类型的寄存器供用户使用。其中包括整型的 IR 寄存器、浮点型的 DR 寄存器、笛卡儿坐标类型的 LR 寄存器、关节坐标类型的 JR 寄存器。其中 IR 与 DR 寄存器有 200 个可供用户使用，LR 与 JR 寄存器有 1000 个。

寄存器指令

寄存器里面包含了 LR、JR、DR、IR、SAVE 指令，SAVE 指令用于保存寄存器的值，例如：TOOL_FRAME、IR、DR 等寄存器。

寄存器可以直接在程序中使用。一般情况下，用户将预先需要设定的值手动设置在对应的寄存器中。例如，在手动示教时，将示教点位手动保存在 LR 或 JR 寄存器中，然后编程时直接使用。

指令示例：

PROGRAM

WITH ROBOT

ATTACH ROBOT

MOVE ROBOT JR[1]

MOVE ROBOT JR[2]

WHILE TRUE

MOVES ROBOT LR[1]

MOVES ROBOT LR[2]

IF IR[1]=0 then

GOTO END_PROG

END IF

SLEEP 10

END WHILE

```
END_PROG:
DETACH ROBOT
ENT WITH
END PROGRAM
```

如上述示例所示,在程序中可以直接使用预先设定好的寄存器值。使用这种方式编程可以很好地解决点位的调整以及保存等问题。另外,通过 IR 或 DR 寄存器来进行某些条件判断也是很好的辅助程序控制手段,比使用 I/O 点位更加简单方便。

五、事件指令

事件指令即中断处理指令,通常需要几条指令配合使用,其指令集和每条指令的说明如下。

1. 事件处理指令集

ONEVENT　　　　事件定义指令

EVENTON　　　　激活事件

EVENTOFF　　　　关闭事件

2. ONEVENT…END ONEVENT

指令说明:

该指令为事件定义指令,指定了当事件触发后所要执行的操作,PRIORITY 和 SCANTIME 为可选属性,前者定义了该事件的优先级,默认为最高的 1,后者定义了扫描周期,默认为总线周期的 1 倍。一般优先级及扫描周期使用默认值即可。

指令语法:

```
ONEVENT<EVENT> {<CONDITION> }{PRIORITY=<PRIORITY> }{SCANTIME=<TIME> }
<COMMAND BLOCK THAT DEFINES THE ACTION>
END ONEVENT
```

指令示例:

```
ONEVENT EV1 D_IN[1]=1          '当输入为 D_IN[1]=1 时,该事件触发
PRINT "THIS IS EVENT 1"
EVENTOFF EV1
END ONEVENT
```

如上述示例所示,程序中定义了一个名为 EV1 的事件,该事件的触发条件为 D_IN[1]=1。当事件被激活后,系统会周期性扫描 D_IN[1]的值,一旦 D_IN[1]的值满足触发条件,程序就会跳转到 ONEVENT 指令定义的事件中,执行里面的操作。完成后返回到程序之前执行的位置继续往下执行。需要注意的是事件的触发条件不能使用局部变量,且 ONEVENT 不能在 IF、WHILE 或者其他循环中定义。

3. EVENTON

指令说明:

该指令用来激活某个指定事件,系统开始对该事件的触发条件进行扫描。

指令语法:

```
EVENTON<EVENT>
```

指令示例:

见中断指令的使用及示例。

4. EVENTOFF

指令说明：

该指令用来关闭某个指定事件，停止系统对其触发条件的扫描。

指令语法：

EVENTOFF<EVENT>

指令示例：

见中断指令的使用及示例。

5. 中断指令的使用及示例

一个事件指令（中断指令）的使用示例如下：

```
PROGRAM
ONEVENT EV1 D_IN[9]=1      '中断处理，触发条件为 D_IN[9]=1,进入中断处理程序
EVENTOFF EV1              '中断触发后可关闭中断，待下一个循环再打开中断
STOP ROBOT               '停止机器人当前运动
PROCEED ROBOT PROCEEDTYPE=CLEARMOTION
MOVES ROBOT  # {0,0,100,0,0,0}ABS= 0 VTRAN=100  '原地直线抬高 100 mm
SLEEP 200
END ONEVENT              '中断处理结束
WITH ROBOT
ATTACH ROBOT
ATTACH EXT_AXES
BLENDINGMETHOD= 2
WHILE TRUE
EVENTON EV1              '开启中断 EV1,一旦条件触发便进入 ONEVENT 处执行
MOVE ROBOT P2           '机器人运动到 P2 点
MOVE ROBOT P3           '机器人运动到 P3 点
SLEEP 100
END WHILE
DETACH ROBOT
DETACH EXT_AXES
END WITH
END PROGRAM
```

六、异常指令

异常指令与事件指令配合使用，使用此指令运行时会在指令位置提示报警。

七、手动指令

手动指令主要用于手动输入命令行，便于输入和处理一些示教器上指令列表中没有的指令，使用手动指令应该注意使用英文输入，符号例如：[],{}都应为英文格式的，否则会报语法错误。

项目拓展与提高

机器人编程语言的类别和编程方式

一、机器人编程语言的类别

1.动作级语言

动作级语言以机器人末端操作器的动作为中心来描述各种操作,要在程序中说明每个动作。这是一种最基本的描述方式。

2.对象级语言

对象级语言允许较粗略地描述操作对象的动作、操作对象之间的关系等。使用这种语言时,必须明确地描述操作对象之间的关系和机器人与操作对象的关系。它特别适用于组装作业。

3.任务级语言

任务级语言则只要直接指定操作内容就可以了,为此,机器人必须一边思考一边工作。这是一种水平很高的机器人程序语言。

现在还有人在开发一种系统,它能按某种原则给出最初的环境状态和最终的工作状态,然后让机器人自动进行推理、计算,最后自动生成机器人的动作。这种系统现在仍处于基础研究阶段,还没有形成机器人语言。

二、编程方式介绍

1.顺序控制编程

在顺序控制的机器中,所有的控制都是由机械或电气的顺序控制器实现的。按照我们的定义,这里没有程序设计的要求。顺序控制的灵活性小,这是因为所有的工作过程都已编好,每个过程或由机械挡

机器人编程语言的类型

块或由其他确定的办法所控制。大量的自动机都是在顺序控制下操作的。这种方法的主要优点是成本低,易于控制和操作。

2.示教方式编程(手把手示教)

目前大多数机器人采用示教方式编程。示教方式是一项成熟的技术,易于被熟悉工作任务的人员掌握,而且用简单的设备和控制装置即可进行。示教过程进行得很快,示教过后即可应用。在对机器人进行示教时,将机器人的轨迹和各种操作存入其控制系统的存储器。如果需要,过程还可以重复多次。在某些系统中,还可以用与示教时不同的速度再现。

示教的方法有直接示教与遥控示教。如图 6-33 所示为机器人示教,其中图 6-33(a)为手把手的直接示教,图 6-33(b)为有线直接示教,图 6-33(c)为无线遥控示教。

如果能够从一个运输装置获得使机器人的操作与搬运装置同步的信号,就可以用示教的方法来解决机器与搬运装置配合的问题。

示教方式编程也有一些缺点:

(1)只能在人所能达到的速度下工作;

(2)难与传感器的信息相配合;

(3)不能用于某些危险的情况;

(4)在操作大型机器人时,这种方法不适用;

(a)　　　　　　　　　　(b)　　　　　　　　　　(c)

图 6-33　机器人示教

（5）难获得高速度和直线运动；

（6）难于与其他操作同步。

3.示教器示教

利用装在示教器上的按钮可以驱动机器人按需要的顺序进行操作。机器人的每一个关节都在示教器中对应有一对按钮，分别控制该关节在两个方向上的运动；有时还提供附加的最大允许速度控制。虽然为了获得最高的运行效率，人们一直希望机器人能实现多关节合成运动，但在示教器示教的方式下，却难以同时移动多个关节。电视游戏机上的游戏杆虽可以用提供在几个方向上的关节速度，但它也有缺点。这种游戏杆通过移动控制盒中的编码器或电位器来控制各关节的速度和方向，但难以实现精确控制。现在已经有了能实现多关节合成运动的示教机器人。

示教器一般用于对大型机器人或危险作业条件下的机器人示教。但这种方法仍然难以获得高的控制精度，也难以与其他设备同步，且不易与传感器信息相配合。

4.脱机编程或预编程

脱机编程和预编程的含义相同，是指用机器人程序语言预先进行程序设计，而不是用示教的方法编程。脱机编程有以下几个方面的优点。

（1）编程时可以不使用机器人，以腾出机器人去做其他工作。

（2）可预先优化操作方案和运动周期。

（3）以前完成的过程或子程序可结合到待编的程序中去。

（4）可用传感器探测外部信息，从而使机器人作出相应的响应。这种响应使机器人可以工作在自适应的方式下。

（5）控制功能中可以包含现有的计算机辅助设计（CAD）和计算机辅助制造（CAM）的信息。

（6）可以预先运行程序来模拟实际运动，从而不会出现危险。利用图形仿真技术，可以在屏幕上模拟机器人运动来辅助编程。

（7）对不同的工作目的，只需替换一部分待定的程序。

在非自适应系统中，没有外界环境的反馈，仅有的输入是各关节传感器的测量值，因此可以使用简单的程序设计手段。

实训项目十一　机器人搬运

实训目的

(1) 理解工业机器人各坐标系；

(2) 能根据作业任务正确切换坐标系；

(3) 能运用轴坐标系和基坐标系对机器人进行操作；

(4) 能根据搬运路径示教对点；

(5) 能手动单步调试程序；

(6) 能自动连续运行程序。

搬运_任务描述与路径规划

实训设备

六轴机器人一套。

搬运_示教与编程

实训课时

5 课时。

实训内容

(1) 编程实现将工件从 A 处搬运到 E 处,两处位置如图 6-34 所示。

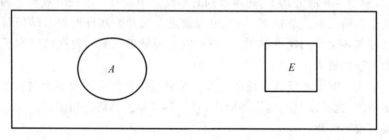

图 6-34　A、E 两处位置示意

(2) 搬运流程如图 6-35 所示。

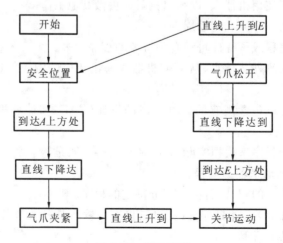

图 6-35　搬运流程

(3) 编写机器人示教实验程序。

'(ADD YOUR COMMON/COMMON SHARED VARIABLE HERE)

```
PROGRAM
'(ADD YOUR DIM VARIABLE HERE)
WITH ROBOT
ATTACH ROBOT
ATTACH EXT_AXES
WHILE TRUE
'(WRITE YOUR CODE HERE)
MOVE ROBOT P1          '机器人安全位置
D_OUT[19]=OFF          '气爪复位
MOVE ROBOT P2          '到达点A上方处
MOVES ROBOT P3         '直线下降达到A取件位
DELAY ROBOT 1          '打断预进
D_OUT[19]=ON           '气爪夹紧
DELAY ROBOT 1000       '延时1s
MOVES ROBOT P2         '到达点A上方处
MOVE ROBOTP11          '到达点E上方处
MOVES ROBOT P12        '直线下降达到点E取件位
DELAY ROBOT 1          '打断预进
D_OUT[19]=OFF          '气爪松开
DELAY ROBOT 1000       '延时1s
MOVES ROBOT P11        '到达点E上方处
MOVE ROBOT P1          '机器人安全位置
SLEEP 100
END WHILE
DETACH ROBOT
DETACH EXT_AXES
END WITH
END PROGRAM
```

（4）调试运行程序。

实训项目十二　机器人码垛

实训目的

（1）熟悉基本示教操作。

（2）掌握机器人结构化编程方法。

（3）掌握机器人条件判断指令的运用。

（4）掌握寄存器的使用。

码垛_任务描述与路径规划

实训设备

六轴机器人一台；

气动爪手一套；

工件若干。

实训课时

5 课时

实训内容

码垛_示教与编程

(1) 按照如图 6-36 所示取料和放料顺序进行码垛作业。

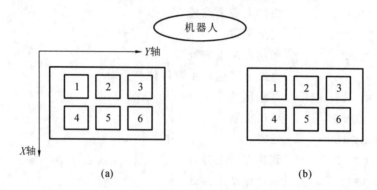

图 6-36　取料和放料顺序

(a)取料托盘(1♯为示教取料点)　(b)放料托盘(1♯为示教放料点)

(2) 取料和放料流程如图 6-37 所示。

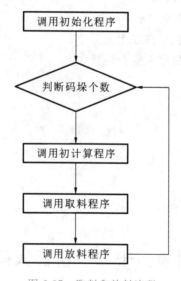

图 6-37　取料和放料流程

(3) 参考实验程序。

```
PROGRAM                                    '主程序
' (ADD YOUR DIM VARIABLE HERE )
WITH ROBOT                                 '等待 IPC 网络
ATTACH ROBOT                               '连接机器人
ATTACH EXT_AXES                            '连接外部轴
```

```
CALL INIT                                          '调用初始化程序
WHILE TRUE
WHILE DR[1]<6                                       '主循环
'(WRITE YOUR CODE HERE)
CALL JISUAN                                         '调用计算放料位置程序
CALL QULIAO                                         '调用取料程序
CALL FANGLIAO                                       '调用放料程序
SLEEP 100
END WHILE                                           '结束循环
END WHILE
MOVE ROBOT JR[1]                                    '机器人回原点
DETACH ROBOT                                        '分离机器人
DETACH EXT_AXES                                     '分离外部轴
END WITH                                            '结束等待
END PROGRAM                                         '结束主程序


PUBLIC SUB INIT
' (WRITE YOUR CODE HERE)
MOVEROBOT JR[1]
D_OUT[30]=OFF
CALL WATI(D_IN[17],OFF)                             '手抓松开反馈
DR[1]= 0
'↓↓↓↓↓↓此处需要设置↓↓↓↓↓↓↓↓↓↓↓↓↓↓↓↓

LR[600]=#{?,?,?,90, 90,180}                         '取料点位姿设置
LR[699]=#{0,0,50,0,0,0 }                            '取料点，放料点高度设置
DR[2]=?                                             '放料点 X 轴设置
DR[3]=?                                             '放料点 Y 轴设置
DR[6]=?                                             '放料点 Z 轴设置
DR[7]=?                                             '放料点 A 轴设置
DR[8]=?                                             '放料点 B 轴设置
DR[9]=?                                             '放料点 C 轴设置


'↑↑↑↑↑此处需要设置↑↑↑↑↑↑↑↑↑↑↑↑↑↑↑↑


END SUB
PUBLIC SUB QULIAO
' (WRITE YOUR CODE HERE)
MOVE ROBOT LR[600]+LR[699]                          '取料点上方
MOVES ROBOT LR[600] VTRAN=100                       '取料点
```

```
DELAY ROBOT 1                                    '打断预进
D_OUT[30]=ON                                     '手抓夹取
CALL WATI(D_IN[17],ON)                           '手抓夹紧反馈
MOVES ROBOT LR[600]+LR[699]                      '取料点上方
END SUB
PUBLIC SUB FANGLIAO
'(WRITE YOUR CODE HERE)
MOVE ROBOT LR[700]+LR[699]                        '放料点上方
MOVES ROBOT LR[700] VTRAN=100                     '放料点
DELAY ROBOT 1                                     '打断预进
D_OUT[30]=OFF                                     '手抓松开
CALL WATI(D_IN[17],OFF)                           '手抓松开反馈
MOVES ROBOT LR[700]+LR[699]                       '放料点上方
END SUB
PUBLIC SUB JISUAN
'(WRITE YOUR CODE HERE)
IF DR[1]=3 THEN
DR[4]=DR[2]+80                                    'X轴偏移计算
END IF
IF DR[1]>=3 THEN
DR[5]=DR[3]+(DR[1]-3)*45                          'Y轴偏移计算
END IF
IF DR[1]<3 THEN
DR[4]=DR[2]                                       'X轴偏移计算
DR[5]=DR[3]+DR[1]*45                              'Y轴偏移计算
END IF
LR[700]=#{DR[4],DR[5], DR[6], DR[7], DR[8],DR[9]}
DR[1]=DR[1]+1                                     '计数加1
END SUB
```

（3）载入程序低速运行程序。

项 目 小 结

本项目主要讲述了 HSR-JR612 机器人示教程序中的所有指令的格式、功能及应用，重点掌握每个指令在机器人示教程序中的运用及设置修改方法。

思考与练习

一、填空题

1.在使用运动指令时需指定的内容有 _____、_____、_____、

_____、_____。

2. 位置数据包括_____和_____。

3. 在程序执行过程中,进给速度可以通过_____进行修调。倍率值范围为 0 到_____。进给速度单位取决于_____。

4. 定位路径有两种形式:_____,相当于准确停止;_____,相当于圆弧过渡。CNT 后的数值为_____,该数值的取值范围为 0~100。CNT0 等价于_____。

5. 加速倍率指令的英文缩写为_____,增量指令的英文缩写为_____。

6. 寄存器指令分为_____、_____及位置寄存器轴指令 PR[i,j]。

7. 寄存器指令支持的运算操作有_____、_____、_____、_____、_____(取商的余数,即小数点后的值)、_____(取商的整数)。但对于位置寄存器只支持_____和_____两种运算操作。

8. IO 指令用于_____(DI/DO),或_____(AI/AO)。

9. 条件比较指令包括_____条件比较指令和_____条件比较指令。

10. 比较运算符包括_____、_____、_____、_____、_____、_____ 6 种。

11. 等待指令包括_____、_____两种。

12. 流程控制指令包括_____、_____、_____、_____四种指令。

二、选择题

1. 示教-再现控制为一种在线编程方式,它的最大问题是(　　)。

　　A. 操作人员劳动强度大　　　　　　B. 占用生产时间

　　C. 操作人员安全问题　　　　　　　D. 容易产生废品

2. 机器人运动的类型有(　　)。

　　A. 直线运动　　　B. 关节定位　　　C. 圆弧运动　　　D. 曲线运动

3. 直角坐标系下的位置数据包含(　　)四个元素。

　　A. 用户坐标系序号　　B. 工具坐标系序号　　C. 位置/姿态　　　D. 配置

参 考 文 献

[1] 兰虎.工业机器人技术及应用[M].北京:机械工业出版社,2014.

[2] 郭洪红.工业机器人通用技术[M].北京:科学出版社,2008.

[3] 郭洪红.工业机器人技术[M].西安:西安电子科技大学出版社,2004.

[4] (美)SAEED B NIKU.机器人学导论[M].孙富春,朱纪洪,刘国栋,等,译.北京:
     电子工业出版社,2004.

[5] 吴振彪.工业机器人[M].武汉:华中理工大学出版社,1997.